Himmels-Wunder

Ronald Stoyan

Himmels-Wunder

20 erstaunliche Dinge im Universum, die jeder mit eigenen Augen sehen kann

Augen auf!

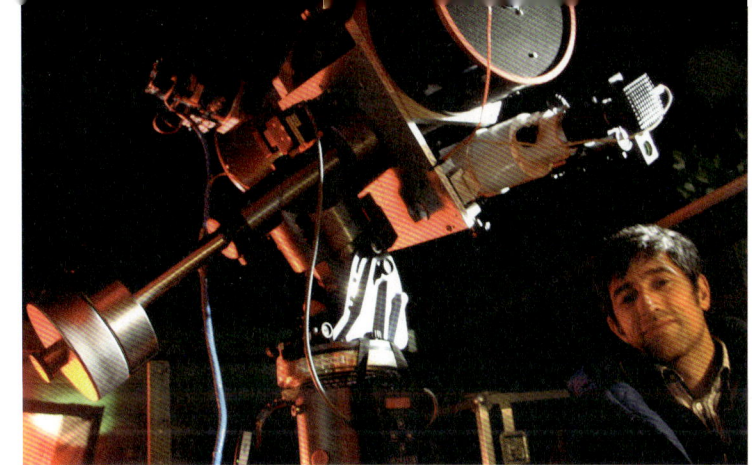

Liebe Leserin, lieber Leser,

als Kind legte ich mich in klaren und warmen Sommernächten auf unsere Wiese und blickte nach oben. Es gab keinen Baum oder Strauch, der in mein Blickfeld fiel und so sah ich nur den Nachthimmel. In Gedanken stellte ich mir vor, die Erde sei mein Rucksack und plötzlich begann ich mit meinem Heimatplaneten im Rücken durch den Weltraum zu schweben...

Abgesehen von den Apollo-Astronauten, die auf dem Mond landeten, und einigen unbemannten Sonden, die andere Planeten unseres Sonnensystems erkunden, ist bislang noch kein Mensch zu einem anderen Stern gereist. Alles was wir über den Sternhimmel mit seiner Vielzahl an leuchtenden Sonnen, Nebeln und Galaxien wissen, stammt also lediglich aus der genauen Beobachtung des Himmels. Trotzdem ist es uns Menschen gelungen vieles in Erfahrung zu bringen: Das Wissen um den Verlauf von Planetenbahnen, die Verteilung von Kometen, die Größe und Entfernung von Sternen oder die Struktur und Zusammensetzung entfernter Galaxien, all dies haben wir herausgefunden, weil wir sehr genau hingeschaut haben. Einige Erkenntnisse haben sogar unser Weltbild verändert – aber noch heute gibt uns der Kosmos viele Rätsel auf.

Selbst ohne Teleskop kann man schon Erstaunliches entdecken. Dieses Buch hilft Ihnen bei ihren ersten Beobachtungen und führt sie in die faszinierende Welt des Nachthimmels ein. Je mehr Sie verstehen, umso faszinierender wird Ihre persönliche Exkursion zu den Sternen und irgendwann beginnen Sie zu schweben....!

Ihr Ranga Yogeshwar

1 Außerirdische Materie, die auf die Erde fällt

Eine Sternschnuppe leuchtet nur kurz und in unserer Erdatmosphäre auf. Ihr Erscheinungsbild auf Fotos wird oft mit dem von Kometen verwechselt – bei diesen handelt es sich jedoch um Körper des Sonnensystems weit außerhalb der Erdatmosphäre.

Ein Stein vom Himmel: »Überlebt« ein größerer Gesteinsbrocken aus dem All den Eintritt in die Lufthülle der Erde, fällt er aus ca. 50km Höhe beinahe ungebremst auf die Oberfläche. Nur ganz selten entsteht dabei Schaden – wie hier 1992 in den USA an einem Auto. ↓

»Wünsch Dir was!« sagen Menschen, wenn sie eine Sternschnuppe sehen. Doch die sekundenschnellen Leuchterscheinungen sind gar nicht so selten: Jeden Tag erreichen die Erde 6500 Tonnen Materie aus dem All. Bei einem Gewicht von 10g, das im Mittel ein Teilchen besitzt, welches eine Sternschnuppe auslöst, wären das 650 Millionen Sternschnuppen täglich, die in der gesamten Erdatmosphäre aufleuchten!

Die kleinen Staubkörner sind z.T. Bruchstücke aus der Frühzeit des Sonnensystems. Sie entstanden bei Einschlägen größerer Körper auf anderen Planeten oder sind einfach übrig geblieben – sie zogen danach für einige Milliarden Jahre ihre Bahn um die Sonne, bevor sie zufällig mit der Erde zusammenstießen. Oder sie stammen von einem Kometen, der auf seiner Bahn Material verloren hat

Die Erde rast mit 108.000km/h durch das Sonnensystem. Dabei sammelt sie wie ein Schneepflug Kleinkörper auf. Auf der am Morgen in »Fahrtrichtung« liegenden Seite der Erde sind deshalb mehr Sternschnuppen zu sehen, als auf der nach hinten gewandten Hälfte am Abend. Die Häufigkeit nimmt deshalb im Laufe der Nacht zu. Die Lichtspuren – verlängert man ihre Bahn zurück – scheinen dabei alle aus einer bestimmten Richtung zu

Anblick mit bloßem Auge

STERNSCHNUPPEN EIGENE BEOBACHTUNG:

- **Wann:** Jede Nacht ca. 8 bis 10 Sternschnuppen pro Stunde, mehr morgens. Jedes Jahr um den 12. August und den 14. Dezember ca. 100 Sternschnuppen pro Stunde, wenn kein Vollmond stört.

- **Wo:** Dunkler Himmel abseits von Ortschaften mit freiem Blick nach Osten.

- **Womit:** Mit dem bloßen Auge auf einem Liegestuhl. Je größer das Gesichtsfeld, desto mehr Sternschnuppen sieht man. Fernglas und Teleskop machen zwar schwächere Sternschnuppen sichtbar, es wird aber unwahrscheinlicher in ihrem kleinen Feld eine Schnuppe zu erhaschen.

kommen. Dieser Effekt liegt in der Bewegung der Erde begründet – ähnlich wie bei der Autofahrt durch Schneegestöber, wenn die Flocken grundsätzlich aus der Fahrtrichtung zu kommen scheinen.

Es gibt aber auch jahreszeitliche Unterschiede. Die Dichte des Materials auf der Erdbahn ist nicht immer gleich. Es gibt Gebiete mit besonders vielen Kleinkörpern, die auf festen Bahnen um die Sonne kreisen. Die Erde trifft diese jedes Jahr um dieselbe Zeit: Die beiden sternschnuppenreichsten Zeiten liegen um den 12. August (die sogenannten »Perseiden«) und den 14. Dezember (die »Geminiden«).

Etwa 100 Sternschnuppen pro Stunde kann man in den Nächten um diese Zeitpunkte sehen – wenn der Himmel klar und dunkel ist und der Mond nicht stört. Weil die Perseiden in die Ferienzeit fallen und viele Menschen eher draußen

Droht uns Gefahr aus dem All?

Am Freitag, den 13. sollte es soweit sein: Ein 270m großer Felsbrocken namens »Apophis« war dazu ausersehen, im April des Jahres 2029 mit der Erde zu kollidieren. Beinahe unbemerkt von den Massenmedien wurde zu Weihnachten 2004 der Weltuntergang bestimmt.

Wenige Tage später war jedoch klar: Der kleine Planet würde der Erde zwar am 13.

4. 2029 nahe kommen – für einem Einsturz würde es jedoch nicht reichen. Doch was wäre passiert, wenn sich die erste Vorhersage bewahrheitet hätte?

Ein Krater von mehreren Kilometern Durchmesser und die völlige Zerstörung allen Lebens im Umkreis von mehreren tausend Kilometern wären noch nicht ein-

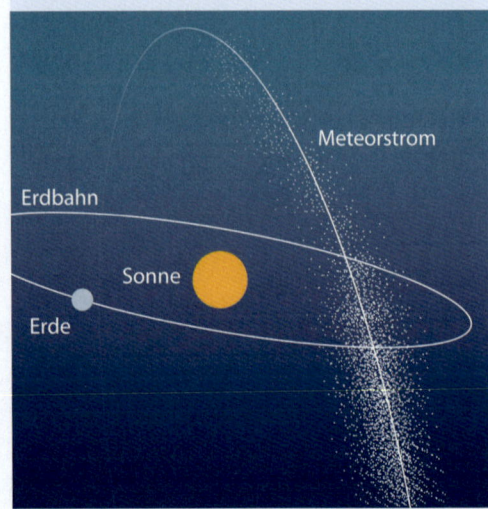

Die Erdbahn führt unseren Planeten jedes Jahr an eine Stelle, wo er die Staubfahne eines Meteorstroms kreuzt.

sind als im kalten Dezember, werden Sternschnuppen von vielen mit Sommerabenden verbunden. Tatsächlich sind in kalten Dezembernächten aber noch mehr Sternschnuppen zu sehen als im August.

Wenn die Erde ein besonders dichtes Paket von Staubkörnern trifft, kann es sogar zu einem regelrechten »Sturm« kommen. Über 50.000 Sternschnuppen pro Stunde wurden 1833 und 1966 bei den bisher beeindruckendsten

dieser Erscheinungen gezählt. Der Eindruck muss überwältigend sein – leider sind solche Stürme für die nächsten Jahrzehnte nicht zu erwarten.

Dringt ein Staubkorn in einer Höhe von etwa 100km mit einer Geschwindigkeit von bis zu 260.000km/h – also zehn Mal so hoch und 25 Mal schneller als Interkontinentalflugzeuge – in die Erdatmosphäre ein, erhitzt es die umgebende Luft, wodurch die Luftmoleküle ein oder mehre-

re Elektronen verlieren. Beim anschließenden Einfang von Elektronen wird u.a. Licht ausgesandt. Es ist also die Luft und nicht das Gestein, das aufleuchtet.

Sternschnuppen – in der Fachsprache Meteore genannt – können deshalb manchmal noch für einige Sekunden nach dem Aufblitzen gesehen werden: Einige Luftmoleküle fangen immer noch Elektronen ein und leuchten nach. Manchmal ist sogar Donnerg-

mal die schlimmsten Folgen. Verheerendere Auswirkungen hätte der aufgewirbelte Staub – oder das Wasser, würde der Körper ins Meer stürzen.

Ein nuklearer Winter wäre die Folge des hohen Staub- und Wassergehalts in der Atmosphäre – möglicherweise eine neue Eiszeit: Globale Abkühlung! Dass solche Ereignisse stattgefunden haben, ist heute kaum mehr umstritten. Eine der bekanntesten Theorien geht davon aus, dass das Ende der Dinosaurier an der Wende vom Erdzeitalter Kreide zum Tertiär vor ca. 65 Millionen Jahren durch den Einschlag eines Körpers von ca. 10km Durchmesser verursacht wurde.

Doch die Wahrscheinlichkeit, Zeuge eines solchen Einschlags zu werden, ist gering. Etwa alle 100 Millionen Jahre kommt ein Einschlag der Größe des »Dinokillers« vor – ein Vielfaches der Zeitspanne, die die Menschheit überhaupt existiert. Es ist deshalb ähnlich unwahrscheinlich wie bei einem Lottogewinn, an einen Treffer auf die Erde zu denken.

rollen zu hören, das dieselbe Ursache wie der Überschallknall eines Flugzeuges hat.

Nur die größeren Brocken kommen auf der Erdoberfläche an – man spricht dann von Meteoriten. Weil sie so selten sind, sind sie bei Wissenschaftlern und Sammlern sehr begehrt: Wenige Gramm kosten je nach Typ viele hundert oder tausend Euro. Mond- und Marsmeteorite sind besonders rar.

Krater werden nur von relativ großen Meteoriten erzeugt – selbst der Hoba-Meteorit in Namibia, mit über 50 Tonnen der schwerste jemals gefundene außerirdische Körper auf der Erde – hat keinen nennenswerten Krater hinterlassen. Doch zeigen geologische Untersuchungen, dass es in weiter zurückliegender Vergangenheit durchaus größere Einschläge gegeben hat: Das Nördlinger Ries in Süddeutschland, eine kreisrunde Ebene von 24km Durchmesser, ist vor 15 Millionen Jahren von einem kilometergroßen Körper geschlagen worden. Das Auswurfmaterial wurde 400km weit geschleudert – ganz Mitteleuropa wurde damals verwüstet.

Ein Regen aus Sternschnuppen geht nieder, wenn die Erde zufällig auf ein besonders dichtes Staubpaket stößt – wie hier im November 1833 über den Niagara-Fällen.

2 Spuren der Menschen im All

Der erste künstliche Satellit der Erde, der Sputnik. Er bestand aus einer 58cm großen Metallkugel und wog 84-Kilogramm.

Wenn ein Satellit über den Himmel zieht, sieht er wie ein sich bewegender Stern aus. Es gibt auch Satelliten, die nur kurz aufblitzen und dann unsichtbar werden. ⬇

Ein Schock war es für die westliche Welt, als 1957 seltsame Piepstöne aus dem All zu hören waren: Sputnik hieß der erste von Menschenhand gemachte Körper, der die Erdatmosphäre verließ und unseren Planeten umrundete – nur wenige Tage lang. Die Sowjetunion feierte damit ihre technologische Überlegenheit im Kalten Krieg.

Heute gibt es ca. 10.000 Satelliten, die um die Erde kreisen – Weltraumschrott wie ausgebrannte Raketenstufen gar nicht mitgezählt. Sie sind zu Alltagshelfern geworden: Fernsehübertragung und Wettervorhersage sind ohne sie nicht vorstellbar. Militär und Forschung greifen in immer größerem Ausmaß auf sie zurück. Die Steuerung von Schiffen wäre heute ohne Satellitenhilfe genauso wenig vorstellbar wie Navigationsgeräte für Autos.

Dabei gilt es zunächst, die Erdanziehung zu überwinden: Mindestens 28.500km/h sind nötig, um die Schwerkraft der Erde zu überwinden und sich soweit von ihr zu lösen, dass eine Kreisbahn erreicht werden kann. Auf diese Geschwindigkeit müssen die Satelliten mithilfe leistungsstarker Raketen gebracht werden, damit sie nicht wieder auf die Erde zurückfallen. Soll das Schwerefeld der Erde ganz verlassen werden, etwa um zum Mars zu fliegen, sind sogar über 40.000km/h nötig.

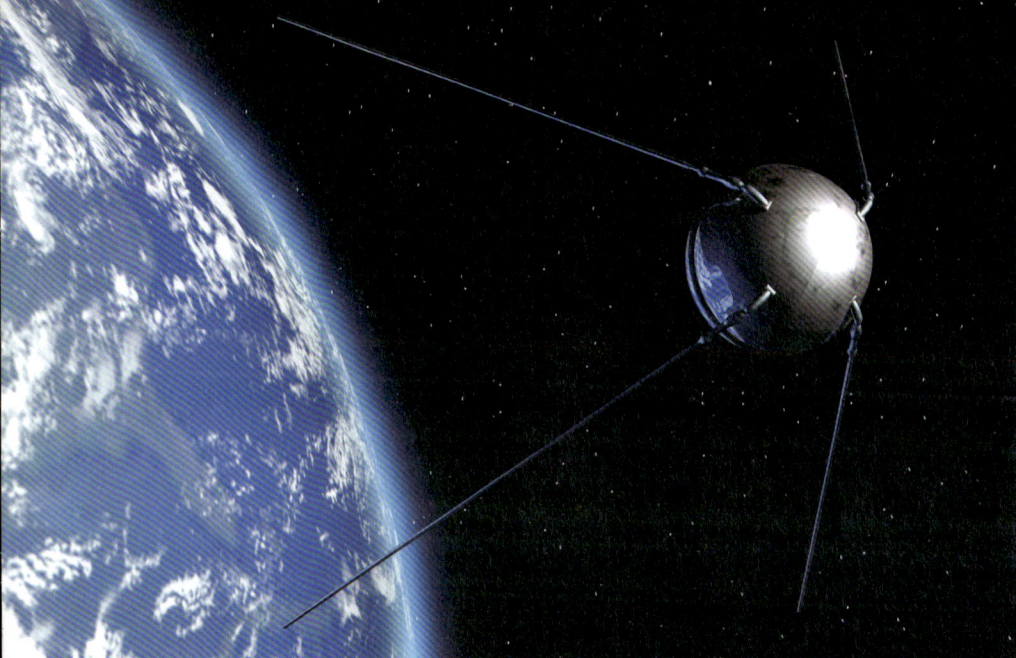

Anblick mit bloßem Auge

Die Umlaufgeschwindig-keit um die Erde ist abhängig von der Höhe. 150km werden mindestens benötigt, um sich von der Erdatmosphäre fernzuhalten. In 200km Höhe jagt ein Satellit alle 1,5 Stunden um die Erde. Stimmt man die Höhe genau auf eine Umlaufgeschwindigkeit von 24 Stunden ab, erhält man geostationäre Bahnen, bei denen die Satelliten die Erddrehung genau ausgleichen. Fernseh- oder Wettersatelliten scheinen deshalb immer über demselben Punkt auf der Erde zu schweben.

Um die gesamte Erdoberfläche zu untersuchen sind jedoch niedrige Bahnen über die Erdpole besser geeignet, da die Satelliten somit Streifen der Oberfläche bei jedem Umlauf abscannen und nach einer bestimmten Zeit den gesamten Globus überstrichen haben – ähnlich wie eine Schnur, die sich zu einem Wollknäuel aufwickelt.

SATELLITEN EIGENE BEOBACHTUNG:

- **Wann:** Abends 1 bis 2 Stunden nach Sonnenuntergang oder morgens vor Sonnenaufgang, am besten im Juni und Juli. Genaue Zeiten im Internet unter www.heavens-above.com

- **Wo:** Abends Richtung Westen und Norden, morgens Richtung Osten und Norden.

- **Womit:** Ideal mit bloßem Auge, im Fernglas nur mit viel Konzentration zu finden, bleibt sternförmig. Zu schnell für Teleskope ohne spezielle Computernachführung.

Waren Menschen auf dem Mond?

1969 hat die unglaubliche Leistung des ersten Mondbesuchs durch Menschen Millionen am Fernseher fasziniert. Doch auch Zweifler traten auf den Plan, die behaupteten, die Mondlandungen seien nur eine gewaltige Inszenierung, um die technologische Vorherrschaft der Amerikaner im Kalten Krieg zu demonstrieren.

Heute glauben selbst bis zu ein Drittel der Amerikaner, dass niemals einer ihrer Landsleute auf dem Mond war. Stattdessen seien die Missionen als Filme in den Hollywood-Studios gedreht worden, um die Sowjets zu beeindrucken. Fehlerhafte oder nachträglich bearbeitete Fotos und Filme würden darauf hinweisen.

Die Internationale Raumstation ist der größte Satellit über unseren Köpfen.

Satelliten sind von der Erdoberfläche nur abends für ein bis zwei Stunden nach Sonnenuntergang und morgens vor Sonnenaufgang zu sehen. Weil sie kaum eigenes Licht aussenden, sind sie nur gut zu sehen, wenn Sonnenlicht auf sie fällt und zur Erde reflektiert wird. Sie ziehen je nach Höhe innerhalb einiger Minuten über den Himmel, ohne dabei wie für Flugzeuge üblich zu blinken. Geraten sie in den Schatten der Erde, verlöschen sie langsam.

Der hellste zu beobachtende Satellit – er erscheint etwa so hell wie die hellsten Sterne – ist die Internationale Raumstation, abgekürzt ISS. Hier sind amerikanische, russische, europäische und japanische Forscher vereint. Die Station ist durchgehend bemannt und mit fast 100m der weitaus größte aller menschlichen Satelliten im All. Alle etwa anderthalb Stunden zieht sie von West nach Ost über unseren Himmel.

Neben dem Gemeinschaftsprojekt ISS verfolgen einzelne Nationen und Ländergemeinschaften auch eigene Projekte. In den letzten Jahren sind China und Indien

Was ist dran an diesen Zweifeln? Schon der gesunde Menschenverstand sagt, dass für eine Propagandamission eine oder zwei Mondlandungen genug gewesen wären – es hätte nicht insgesamt sechs Landungen über einen Zeitraum von acht Jahren bedurft. Eine fehlgeschlagene Mission wie Apollo 13 hätte ebenso nicht inszeniert werden müssen.

Betrachtet man die Argumente der Verschwörungstheoretiker näher, so hält keines von ihnen wissenschaftlichen Kriterien stand. Gegen die Behauptungen sprechen zudem nicht nur ein Dutzend Augenzeugen, sondern auch mehrere Kilogramm Mondgestein, die heute über zahlreiche Länder der Erde verstreut sind. An ihrer Herkunft hat noch keiner der beteiligten Forscher Zweifel geäußert.

zu den Raumfahrtnationen aufgestiegen. Die Umgebung der Erde verlassen haben aber nur die Amerikaner, Russen und Europäer. Zu den ergebnisreichsten Raummissionen gehörten im 20. Jahrhundert die Entdeckungsreisen ins Sonnensystem, aber auch das Weltraumteleskop Hubble, das seit 1990 seinen Dienst verrichtet.

Doch am spektakulärsten von allen waren die Apollo-Missionen der 1960er und 70er Jahre, die ein Dutzend Menschen auf den Mond brachten. Deren Spuren auf dem Mond sind aber von der Erde aus nicht zu sehen

– selbst das Hubble-Weltraumteleskop kann dort nur eine Auflösung von ca. 60m erreichen.

Auf 28500km/h muss ein Körper beschleunigt werden, damit er die Erde verlassen und in eine Umlaufbahn gelangen kann.

3 Landschaften einer anderen Welt

Von der Stellung des Mondes zu Erde und Sonne ist seine Phase abhängig. Dieser Zyklus wiederholt sich alle 29,5 Tage.

»Guter Mond, Du stehst so stille…« heißt es. Doch der Begleiter unserer Erde steht gar nicht still, sondern bewegt sich so rasch wie kein anderes Gestirn über das Firmament. Einmal in 27,3 Tagen umrundet er die Erde. Vom Erdboden aus gesehen sind es 29,5 Tage, weil sich die Erde selbst in dieser Zeit auf ihrer Bahn um die Sonne bewegt: 1 Mon(d)at.

In dieser Zeit bewegt der Mond sich einmal über den ganzen Sternhimmel: Von der Nähe der Sonne wandert er an den Abendhimmel, steht 14 Tage später um Mitternacht genau der Sonne gegenüber und wechselt dann an den Morgenhimmel, um schließlich wieder mit der Sonne zusammen zu treffen.

Weil der Mond selbst kein Licht aussendet, sondern nur das Licht der Sonne reflektiert, gibt es eine Tag- und Nachtseite. Je nach unserem Blickwinkel sehen wir deshalb nur einen Teil des Mondes beleuchtet. Steht der Mond Richtung Sonne, blicken wir auf seine unbeleuchtete Seite und sehen ihn deshalb gar nicht – es ist Neumond.

Am Abendhimmel, wenn der Mond nach der Sonne untergeht, können wir schon einen Teil seiner beschienenen Seite erkennen. Dieser Anteil nimmt von Abend zu Abend zu, der Mond ist zunehmend. Stehen

Ein klassisches Motiv. Die beleuchtete Mondseite weist immer zur Sonne, diese ist also rechts am Horizont untergegangen. Es kann sich deshalb nur um die zunehmende Mondsichel am Abendhimmel handeln – zumindest in Mitteleuropa.

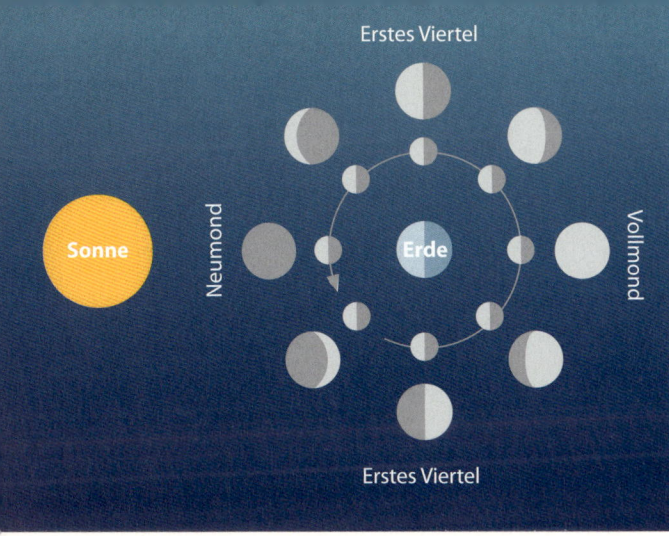

Erstes Viertel

Sonne

Neumond

Erde

Vollmond

Erstes Viertel

Anblick im Fernglas

Anblick im Teleskop

Sonne und Mond in rechtem Winkel zueinander, spricht man vom Ersten Viertel: Es ist Halbmond.

Steht der Mond der Sonne gegenüber, geht er abends zu Sonnenuntergang auf und morgens zu Sonnenaufgang unter. Die Erde steht dann zwischen Mond und Sonne, wir blicken auf die voll beleuchtete Seite der Mondoberfläche: Es ist Vollmond. In den darauf folgenden Tagen nimmt der Mond wieder ab, bis er am Morgenhimmel wieder den 90°-Winkel mit der Sonne erreicht: Diesen Zeitpunkt bezeichnet man als Letztes Viertel. Die schmaler werdende Mondsichel erscheint nun immer später am Morgen, bis der Mond gleichzeitig mit der Sonne aufgeht und wieder Neumond ist.

Spannend ist schon dieser ständige Wechsel der Mondphasen. Richtig beeindruckend ist aber ein Blick durchs Fernrohr: Der Mond ist gezeichnet von Gebirgen und Ebenen! Wie aus der Astronautenperspektive kann man die Mondlandschaften im Relief unter sich vorbeiziehen sehen. Dieses Erlebnis kann schon ein ganz kleines Fernrohr vermitteln.

MOND
EIGENE BEOBACHTUNG:

❓ **Wann:** Der Vollmond lässt Wölfe heulen, aber Teleskope gewinnen ihm nichts ab: Die steil einfallenden Sonnenstrahlen verwischen jedes Relief.

❓ **Wo:** Erstes Viertel abends Richtung Süden. Letztes Viertel morgens Richtung Süden.

❓ **Womit:** Mit dem bloßen Auge sind nur die Phasen zu sehen. Ein Fernglas zeigt schon andeutungsweise die größten Krater, sollte aber unbedingt auf einem Stativ stehen. Am besten geeignet ist ein kleines Teleskop mit 30-facher Vergrößerung – damit kann man stundenlang spazierensehen, ohne dass es langweilig wird.

Wirkt der Mond auf Menschen?

Der Mond ist mit Abstand der nächste nennenswerte Himmelskörper zur Erde, nur 384.000km trennen uns im Mittel von ihm: Viele von uns legen mit ihren Autos mehr Kilometer im Laufe eines Lebens zurück. Der Mond ist also astronomisch gesehen sehr nah!

Weil der Mond nur etwa 30 Erddurchmesser entfernt ist, hat er eine große Wirkung auf die Erde: Aufgrund seiner Masse. Das Gravitationsgesetz beschreibt die Größe einer anziehenden Kraft in Abhängigkeit der Massen zweier Körper und ihres Abstandes voneinander:

$Kraft \sim (Masse_1 \times Masse_2)/Abstand^2$

Das bedeutet: Je größer die beiden Massen und je geringer die Entfernung, desto stärker die Anziehungskraft zwischen beiden. Der Mond übt deshalb auf der Erde aufgrund seiner großen Masse (ca. 73 Trilliarden Kilogramm, aber nur 1,2% der Erdmasse!) eine Kraft aus, die zu einer Verformung der Erde führt – insbesondere des flüssigen Ozeans, der sich leicht bewegen lässt.

Das Gravitationsgesetz zeigt aber auch: Ist eine der beiden Massen sehr gering, also beinahe Null, wird auch die Kraft insgesamt sehr gering. Die Anziehungskraft des Mondes ist beim Menschen bereits weit unter dem Bereich, der messtechnisch nachweisbar ist. Auf noch kleinere Lebewesen

Bei Halbmond verläuft die Grenze zwischen Tag und Nacht (der Terminator) über die Mitte der Mondscheibe. Die Mondberge sind in kontrastreiches Licht getaucht – die beste Zeit für Mondbeobachtungen.

Der Mond ist übersät mit Kratern. Weil er keine Atmosphäre besitzt, erhalten sich die Einschläge von kleineren und größeren Körpern Milliarden von Jahren, wenn sie auf der Erde schon längst bis zur Unkenntlichkeit verwittert sind. Einige »junge« Einschläge – damit sind diejenigen Krater gemeint, die nur einige Millionen Jahre alt sind – erscheinen besonders hell und man kann die zur Seite geschleuderten Massen erkennen, die bei dem Ereignis ausgeworfen wurden.

Sie stehen im Kontrast zu den großen dunklen Ebenen, die man bei Vollmond schon mit bloßem Auge sehen kann. Dabei handelt es sich um dunkle Lava, die in der Frühzeit der Mondgeschichte in große Einschlagsbecken eindrang und diese auffüllte. Sie wurden von den ersten Teleskop-Beobachtern vor 400 Jahren für Meere gehalten. Weil hier weniger Krater zu finden sind, kann man schließen dass sie jünger sein müssen als die »Länder« genannten Hochebenen, auf

oder sogar einzelne Moleküle wirkt eine noch geringere Kraft.

Von vielen Menschen wird aber dennoch behauptet, dass der Mond Kräfte ausübe: So soll die Zahl der Geburten ebenso von der Mondphase abhängig sein wie die Schlafunruhe oder die Zahl der Verbrechen. Weit verbreitet ist auch der Glaube, der Mond habe Einfluss auf Pflanzen, und es sei beispielsweise entscheidend, bei welcher Mondphase gesät oder geerntet werde.

Was man heute vorurteilsfrei sagen kann: Außer der Gezeitenwirkung und dem schwachen Licht – selbst der Vollmond ist 16.0000 Mal schwächer als die Sonne – ist heute keine Kraft des Mondes auf den Menschen bekannt. Die behaupteten Einflüsse der Mondphase auf den Menschen oder Pflanzen können bis jetzt nicht nachgewiesen werden.

Der Mond hat dennoch mehr mit dem Leben auf der Erde zu tun, als viele ahnen: Seinem Einfluss ist zu verdanken, dass die Erde unruhig und Vulkanismus heute noch aktiv ist. Erst die unruhige Erde ermöglichte die Bildung einer Atmosphäre und damit die Vorraussetzung für Leben auf unserem Planeten. Ohne den Mond gäbe es uns also womöglich gar nicht.

denen sich die Krater gegenseitig überlappen.

Seit der Zeit der großen Lavaausbrüche hat sich der Mond kaum mehr verändert – er ist praktisch »tot«. Veränderungen auf seiner Oberfläche wurden in den 400 Jahren, seit der Mensch Teleskope besitzt, nicht registriert. Neu war lediglich der Blick auf seine Rückseite.

Weil sich der Mond in derselben Zeit einmal um die Erde, aber auch einmal um sich selbst dreht, sehen wir immer die gleiche Mondseite. Die verborgene Rückseite des Mondes war bis 1959 unbekannt. Damals flog erstmals eine sowjetische Sonde »hinter den Mond« und fotografierte ihn – ohne Hinweise auf Mondbewohner oder sonstige Merkwürdigkeiten zu entdecken.

Der Vollmond lässt Wölfe heulen, *aber Teleskope gewinnen ihm nichts ab: Die steil einfallenden Sonnenstrahlen verwischen jedes Relief.*

Ein 5 Milliarden Jahre alter Fusionsreaktor

Die Sonne ist ein Stern. Mit »nur« 150 Millionen Kilometern Entfernung liegt sie direkt vor unserer Haustür – der nächste andere Stern ist 272.000 Mal so weit entfernt. Die Sonne ist deshalb der einzige Stern, den wir im Detail beobachten können.

Die Sonne ist eine riesige Lampe mit 384,6 Quatrillionen Watt Leuchtkraft. Sie versorgt die Erde mit 170 Billionen Kilowatt Licht und Wärme, aber auch Radio- und Röntgenstrah-lung. Unsere Erdatmosphäre sorgt dafür, dass die für das Leben gefährlichen Anteile der Sonnenstrahlung weitgehend ausgefiltert werden.

Die Energieerzeugung geschieht tief im Inneren der Sonne. Bei einem Druck von 248 Billionen Hektopascal und einer Temperatur von 15,7 Millionen Grad funktioniert, was auf der Erde bislang noch misslingt: Kernfusion. Die Sonne bezieht ihre Energie aus der Verschmelzung von Wasserstoff zu Helium, wobei Energie frei wird. Da sie zu 75% aus Wasserstoff besteht, verfügt sie über reichliche Vorräte.

Diese Energie wird durch verschiedene Prozesse bis an die Sonnenoberfläche transportiert, die noch eine Temperatur von knapp 6000°C aufweist. Dieser Strahlungsdruck bildet das Gegengewicht zur riesigen Masse der Sonne – es sind 2 Quintrilliarden Kilogramm (eine

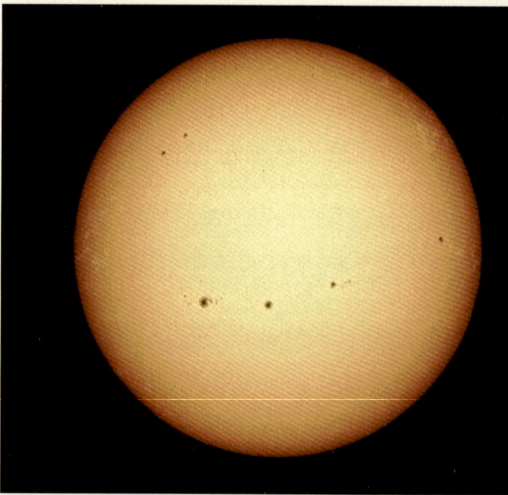

Anblick im Fernglas

Anblick im Teleskop

Zahl mit 30 Nullen). Dieses Gleichgewicht ist die zentrale Eigenschaft fast aller Sterne – solange der Strahlungsdruck aus dem zentralen Bereich durch Kernfusion aufrecht erhalten wird, ist der Stern stabil. Noch für etwa 5 Milliarden Jahre wird die Sonne im Inneren Energie produzieren.

Manchmal kann man auf der Sonne dunkle Flecken sehen – die größten von ihnen schon mit dem gefilterten bloßen Auge. Diese Sonnenflecken sind etwa 1000°C »kühler« als der Rest der Sonnenoberfläche. Sie werden durch das Magnetfeld der Sonne verursacht und bestehen meist einige Tage, wobei sie sich in Form und Größe ständig verändern. Verfolgt man sie von Tag zu Tag, merkt man eine Verschiebung – denn die Sonne dreht sich in etwa 25 Tagen einmal um ihre eigene Achse.

Alle 11 Jahre sind die Sonnenflecken besonders häufig. Dann hat das Magnetfeld der Sonne seine maximale Stärke. Zwischen den Höhepunkten der Fleckentätigkeit polt sich das Magnetfeld der Sonne um, in diesen Zeiten treten über Wochen und Monate gar keine Flecken auf. Das letzte Maximum fand 2000 statt, 2008 waren besonders wenig Flecken zu sehen. Mit dem nächsten Hoch

SONNE EIGENE BEOBACHTUNG:

- ❓ **Wann:** Immer wenn die Sonne sichtbar ist!

- ❓ **Wo:** Überall wo die Sonne über dem Horizont steht.

- ❓ **Womit:** Niemals ohne sicheren Filter in die Sonne blicken – Gefahr von Augenschäden! Bloßes Auge mit Sonnenfinsternisbrille. Fernglas oder Teleskop mit Filterfolie mit CE-Zeichen. Protuberanzen nur mit Spezialfilter (mindestens 500€).

Woraus besteht das Sonnensystem?

Ein Stern, acht Planeten, 136 Monde, drei Zwerg-planeten, etwa 100.000 Kleinplaneten und Kometen sowie unzählige Kleinkörper bis hin zu winzigen Staub-teilchen: Das sind die Mitglieder des Sonnensystems, unserer kosmischen Heimat.

99,9% der Masse des Sonnensystems enthält sein Zentralkörper, die Sonne. Mit 330.000 Erdmassen lässt sie alle anderen Körper zwergenhaft erschei-nen. Sie beleuchtet das gesamte Sonnensystem – mit Ausnahme von elektrostatischen Entladungen (Blitzen) und Vulkanismus auf einigen Planeten und Monden ist sie die einzige Lichtquelle in weitem Umkreis.

70% der restlichen 0,1% Masse im Sonnensystem nimmt der größte Planet Jupiter ein. Der Größe nach folgen ihm Saturn, Uranus und Neptun, die allesamt

Jupiter	142984 km
Saturn	120536 km
Sonne	1,4 Mill. km
Uranus	51118 km
Neptun	49528 km
Erde	12756 km
Venus	12103 km
Mars	6794 km
Merkur	4879 km

Protuberanzen werden die Fontänen aus Wasserstoff genannt, die binnen weniger Minuten zum Vielfachen des Erddurchmessers aufsteigen können.

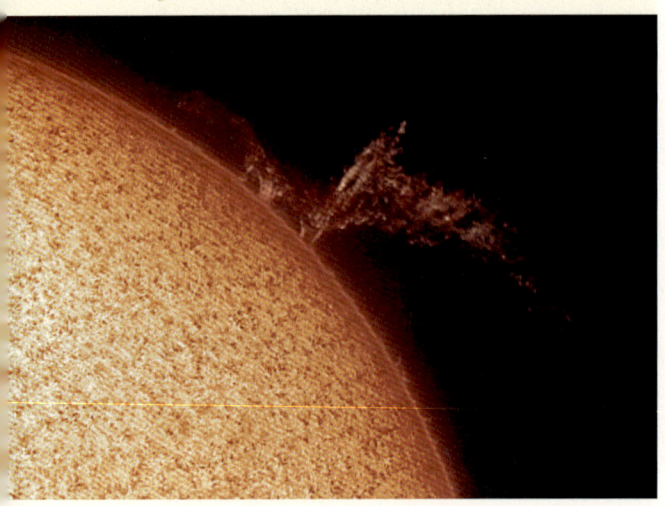

der Fleckenaktivität wird 2012 gerechnet.

Nicht nur die Flecken ge-ben der Sonne jeden Tag ein neues Gesicht, das sich nie-mals wiederholt und kaum vorhersagbar ist. Auch die von Fotos bekannten Gas-ausbrüche, die sogenannten Protuberanzen, entwickeln sich ständig aufs Neue. Sie treten in einer anderen, röt-lich leuchtenden Atmosphä-renschicht der Sonne auf, die vom grellen Licht überstrahlt wird, wenn man nicht einen Spezialfilter einsetzt. Dann kann man sehen, wie sich die Wasserstoff-Fontänen binnen Minuten zu enormer Größe aufbauen!

110 Mal passt die Erdkugel in den Sonnendurchmesser – 1,4 Millionen Kilometer misst unser Tagesgestirn. Sonnenfle-cken erreichen vielfach Dimen-sionen, die größer als die Erde sind. Größere Protuberanzen können sogar die Sonne an Ausdehnung übertreffen – die Dimensionen sind wahrhaft der eines Sterns würdig.

aus Gas bestehen und ein Mehrfaches der Erdgröße besitzen. Sie bilden die Gruppe der äußeren Planeten.

Die inneren Planeten werden angeführt von der Erde. Fast genauso groß ist Venus, etwa halb so groß Mars und am kleinsten Merkur. Diese Planeten haben alle feste Oberflächen sowie mehr oder weniger stark ausgeprägte Atmosphären. Sie werden deshalb terrestrische Planeten genannt.

Alle Planeten außer Merkur und Venus haben Monde. Die Erde ist der einzige Planet mit nur einem Mond, Jupiter und Saturn besitzen jeweils über 50. Die Masse aller Monde des Sonnensystems zusammengenommen entspricht jedoch nur 12% der Erdmasse.

Die Reihenfolge der Planeten vom sonnennächsten zum sonnenfernsten lässt sich mithilfe der Anfangsbuchstaben dieses Spruchs merken: Mein Vater erklärt mir jeden Sonntag unseren Nachthimmel – Merkur, Venus, Erde, Mars, Jupiter, Saturn, Uranus und Neptun.

ACHTUNG!
Aufgrund ihrer großen Helligkeit ist es gefährlich die Sonne zu beobachten – das kann nur mit einem sicheren Filter geschehen. Es gibt beispielsweise sogenannte »Sonnenfinsternisbrillen«, mit denen man ohne Optik die Sonne anblicken kann. Normale Sonnenbrillen, Schweißergläser und CDs sind nicht geeignet – sie lassen für das Auge schädliche UV- und Wärmestrahlung passieren und können zur Blindheit führen. Für Ferngläser und Teleskope ist »Sonnenfilterfolie« erhältlich, die über die Öffnung der Instrumente angebracht wird. Nicht verwendet werden dürfen Filter, die in das Okular geschraubt oder aufgesteckt werden – Sie können ohne Vorwarnung platzen!

Korona

Kern

Die Energieerzeugung findet nur im Kern der Sonne statt. Die äußeren Schichten transportieren die Energie nach außen, von wo sie in den Weltraum abgestrahlt wird.

5 Wenn der Tag zur Nacht wird

Am 11. 8. 1999 blickten Millionen Menschen in Mitteleuropa zum Himmel: Gegen 12 Uhr Mittags wurde es zwischen Saarbrücken und Graz dunkel. Der Mond hatte sich vor die Sonne geschoben und bedeckte sie für Minuten komplett: Eine totale Sonnenfinsternis fand statt.

Dass es Finsternisse überhaupt geben kann, ist einem unwahrscheinlichen Zufall zu verdanken: Sonne und Mond erscheinen von der Erde aus gleich groß, obwohl unser Tagesgestirn 375 Mal so weit weg ist wie der Mond! Diese Übereinstimmung ist so perfekt, dass der Mond die Sonne nur für maximal 7 Minuten verdecken kann, wenn er auf seiner Bahn um die Erde an ihr vorüberzieht.

Eigentlich, so sollte man meinen, müsste es eine Sonnenfinsternis jeden Monat geben, nämlich immer dann wenn Neumond ist und der Mond zwischen Erde und Sonne steht. Dem ist aber nicht so, denn die Ebene der Mondbahn ist zur Ebene der Erdbahn leicht verkippt. Der Mond geht deshalb meistens oberhalb oder unterhalb der Sonne vorbei.

Nur wenn einer der Schnittpunkte von Mondbahn und Erdbahnebene, der sogenannte Knoten- oder Drachenpunkt, zwischen Sonne und Erde liegt, kann es eine Finsternis geben.

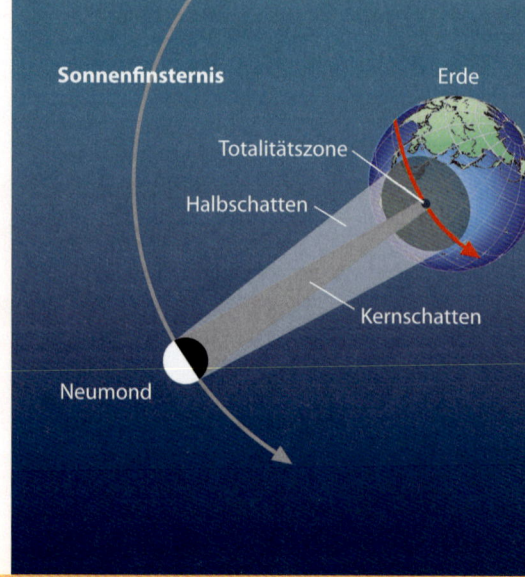

Sonnenfinsternis

Erde

Totalitätszone

Halbschatten

Kernschatten

Neumond

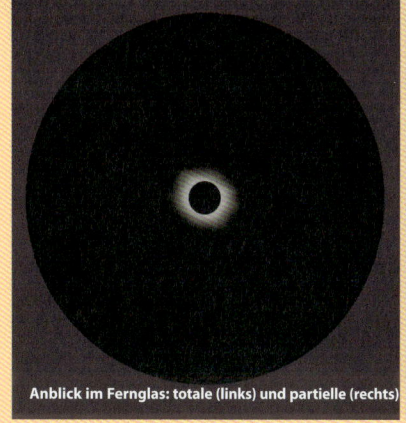

Anblick im Fernglas: totale (links) und partielle (rechts) Phase

Zwei Mal pro Jahr ist dies der Fall, so dass es zu mindestens zwei Sonnenfinsternissen pro Kalenderjahr kommt.

Eine vollkommene, als »total« bezeichnete Bedeckung der Sonne gibt es aber nur in einem kleinen Gebiet der Erde, da die Geometrie exakt stimmen muss. Ringsherum wird die Sonne nicht ganz bedeckt, sondern nur »partiell«, also teilweise verdunkelt. Totale Sonnenfinsternisse sind daher bezogen auf einen bestimmten Ort auf der Erde sehr viel seltener als partielle.

Durch die Umdrehung der Erde unter der Konstellation aus Sonne und Mond hinweg und der Mondbewegung wird das Sichtbarkeitsgebiet der Totalen Bedeckung auf einen langen Streifen auseinander gezogen, den sogenannten Finsternispfad. Diese Zone der totalen Verfinsterung kann mehrere tausend Kilometer lang sein, aber nur maximal 300km breit.

Dass sich ein beliebiger Ort auf der Welt innerhalb dieser Zone befindet, ist sehr selten – meistens dauert es Jahrhunderte, bis an einem Ort wieder eine Totale Sonnenfinsternis sichtbar ist. In Deutschland müssen wir bis ins Jahr 2081 warten – oder

SONNENFINSTERNIS EIGENE BEOBACHTUNG:

❓ Wann: Totale Sonnenfinsternisse am 22. 7. 2009, 11. 7. 2010, 13. 11. 2012, 3. 11. 2013.

❓ Wo: Indien/China (2009), Osterinsel (2010), Australien (2012), Zentralafrika (2013).

❓ Womit: Mit bloßem Auge partielle Phase mit Sonnenfinsternisbrille, totale Phase ohne Hilfsmittel. Im Fernglas und Teleskop sind die vier Kontakte viel besser zu sehen. Während der partiellen Phase muss gefiltert werden (Sonnenfilterfolie)!

Wie entsteht ein himmlischer Feuerring?

Totale Sonnenfinsternisse sind spätestens seit 1999 auch in Mitteleuropa ein Begriff. Fast genauso häufig, aber kaum bekannt sind die ringförmigen Sonnenfinsternisse.

Die Entfernung des Mondes zur Erde ist nicht immer gleich, sondern variiert auf seiner Umlaufbahn: Der Wert schwankt zwischen 407.000km und 356.000km. Dementsprechend erscheint uns der Mond von der Erde aus manchmal etwas größer, dann wieder kleiner.

Mit dem bloßen Auge ist dieser Unterschied kaum zu sehen. Bei einer Sonnenfinsternis gewinnt er aber Bedeutung: Findet die Finsternis statt, wenn der Mond

Der Himmel wird während einer Finsternis nicht ganz dunkel, sondern erscheint in einem fahlen Dämmerlicht. Der Horizont ist hell, weil dort die Sonne bereits wieder scheint.

dorthin reisen, wo Finsternisse stattfinden.

Eine Sonnenfinsternis beginnt eher unspektakulär mit dem sogenannten 1. Kontakt, wenn die Mondscheibe den Rand der Sonnenscheibe »anknabbert«. In den nächsten Minuten schiebt sich der Mond langsam vor die Sonne, ohne dass sich selbst bei großen Bedeckungsgraden deren Helligkeit wesentlich abschwächt. Bei einer partiellen Bedeckung bleibt es bei diesem Zustand, solche Ereignisse, die auch bei uns regelmäßig stattfinden, werden von den meisten Menschen deshalb kaum bemerkt.

Bei einer Totalen Finsternis jedoch wird die Sonne immer schmaler, bis schließlich nach etwa einer Stunde nur noch eine feine Sichel übrig bleibt. Nun überschlagen sich die Ereignisse: Das Tageslicht wird plötzlich fahler und nimmt einen gelblichen Ton an. Gleichzeitig schrumpft die Sonnensichel auf eine feine Linie und ihre Strahlen scheinen für Sekunden nur noch durch einzelne Mondtäler, die wie Brillanten auf einem Ring funkeln. Dieser spektakuläre Anblick ist nach einem Wimpernschlag vorbei, und es wird plötzlich dunkel wie in der späten Dämmerung.

eher klein erscheint, kann er die Sonne nicht mehr ganz bedecken. Es bleibt dann ein Ring aus Sonnenlicht übrig, der die Mondscheibe umspannt.

Auch der schmale Sonnenring um den Mond ist so hell, dass es nicht wirklich dunkel wird – eine Finsternis im Wortsinn findet also nicht statt.

Der sich jetzt bietende Anblick gehört zum Beeindruckendsten, was die Natur auf unserem Globus für Menschen bereithält: Inmitten eines Kranzes aus weißen Strahlen steht die schwarze Mondscheibe, umgeben von blauschwarzem Himmel. Im Fernglas kann man den Strahlenkranz noch besser sehen, es handelt sich um die Korona, die sehr heiße Umgebung der Sonne. Kleine rote Zungen werden am Mondrand sichtbar – die Protuberanzen, leuchtende Wasserstofffontänen, die von der Sonne aufsteigt.

Kaum hatte man Gelegenheit, die hellsten Sterne und Planeten am Finsternishimmel zu sehen, wird die totale Verfinsterung mit dem 3. Kontakt schlagartig beendet. Die nachfolgende partielle Phase endet mit dem 4. Kontakt, wenn der Mond die Sonne wieder ganz freigibt.

Die rötlichen Protuberanzen sind Gasausbrüche auf der Sonne, die sonst nur Spezialteleskope zeigen, weil sie vom Sonnenlicht selbst überstrahlt werden.

6 Wenn der Mond blutrot wird

Wenn der Mond die Erde verfinstern kann, dann muss auch die Erde den Mond verfinstern können – schließlich ist unser Planet vier Mal so groß wie der Mond, was den Durchmesser betrifft. Dies ist prinzipiell immer möglich, wenn die Erde genau zwischen Sonne und Mond steht.

Die Vorraussetzungen, damit eine Mondfinsternis stattfinden kann, sind ähnlich wie bei der Sonnenfinsternis: Einer

der Drachenpunkte, also der Schnittpunkt zwischen Erdbahnebene und Mondbahn, muss vom Mond zu Vollmond durchlaufen werden. Da der Vollmond dem Neumond gegenüberliegt und die Bahnknoten deshalb zu beiden Zeitpunkten passend liegen, finden Mondfinsternisse oft 14 Tage vor oder nach Sonnenfinsternissen statt.

Die Sichtbarkeit von Mondfinsternissen ist nicht auf kleine

Weltregionen beschränkt: Wir blicken ja nach außen, auf den Schattenkegel der Erde. Das Bild ist deshalb für alle Orte auf der Erde dasselbe – sofern der Mond über dem Horizont steht und damit überhaupt sichtbar ist.

Auch bei Mondfinsternissen gibt es die Unterscheidung von totalen und partiellen Ereignissen. Total bedeutet hier, dass der Mond ganz in den Kernschatten der Erde ein-

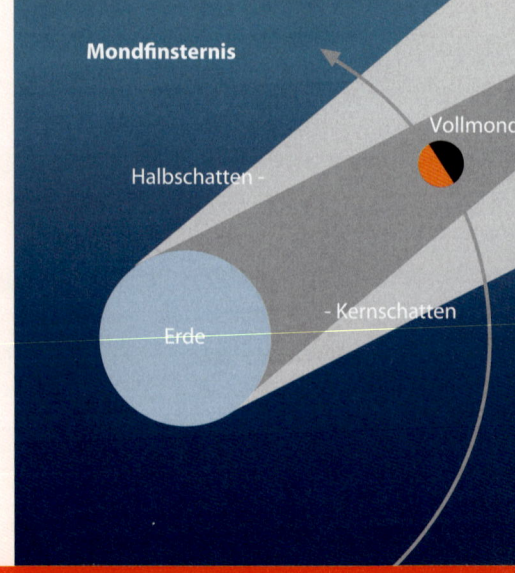

Mondfinsternis

Halbschatten –

Vollmond

– Kernschatten

Erde

Anblick mit dem Fernglas: partielle (links) und totale (rechts) Phase

Anblick mit bloßem Auge

taucht. Da der Erdschatten in der mittleren Mondentfernung noch rund zweieinhalb Monddurchmesser groß ist, kommt das relativ häufig vor: Totale Mondfinsternisse sind bezogen auf einen bestimmten Ort auf der Erde viel öfter zu sehen als Totale Sonnenfinsternisse.

Sie sind auch viel länger: Der Mond braucht etwa eine halbe Stunde, um sich um seinen Durchmesser unter den Sternen zu bewegen. Die totale Phase kann deshalb bis zu 1,5 Stunden lang sein, zusammen mit dem Eintritt in den Schatten und dem Austritt kommt man auf eine maximale Gesamtdauer von mehr als dreieinhalb Stunden.

Bei einer partiellen Finsternis streift der Mond nur den Kernschatten, er tritt nicht ganz in ihn ein, weil er entweder ober- oder unterhalb von ihm vorbeigeht. Auch diese Mondfinsternisse sind beeindruckend. Kaum zu sehen sind dagegen Ereignisse, bei denen der Mond nur den Halbschatten der Erde berührt und den Kernschatten verpasst – die geringe Abschwächung des Sonnenlichts führt dazu, dass der

MONDFINSTERNIS
EIGENE BEOBACHTUNG:

❓ **Wann:** Totale Mondfinsternisse am 15. 6. 2011, 25. 4. 2013, 28. 9. 2015.

❓ **Wo:** Überall in Mitteleuropa.

❓ **Womit:** Mit dem bloßen Auge schöner Gesamteindruck. Farben und Schattengrenze mit dem Fernglas detailreicher. Teleskop nur bei kleiner Vergrößerung geeignet.

Was ist eine Sternbedeckung?

Weil der Mond der von unserer Warte schnellste Himmelskörper ist, gibt es mit ihm die meisten himmlischen Ereignisse. Sonnen- und Mondfinsternisse sind nur zwei spektakuläre Spezialfälle.

Liegt ein heller Stern in der Sichtlinie des Mondes, kommt es zu einer »Sternfinsternis«: Der Mond bedeckt den Stern. Solche Ereignisse können insbesondere bei hellen Sternen beeindruckend sein, denn der Stern verschwindet auf einen Schlag!

Bei zunehmendem Mond, also vor Vollmond, findet die Bedeckung am unbeleuchteten dunklen Mondrand statt. Nach Vollmond ist es das Wie-

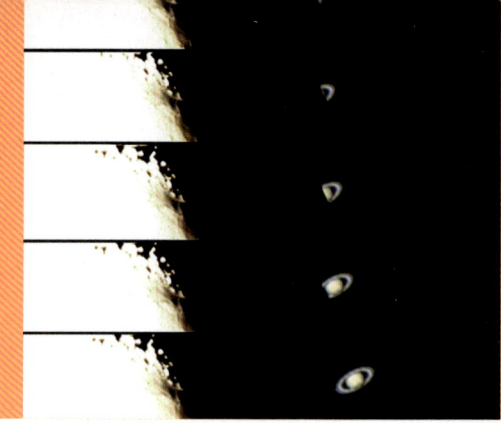

Jeder Totalen Mondfinsternis geht eine partielle Phase voraus, bei der der Mond in den Kernschatten der Erde eintritt.

Vollmond kaum schwächer wird.

Eine Mondfinsternis beginnt deshalb eigentlich erst mit dem 1. Kontakt beim Eintritt in den Kernschatten. Der Schattenrand erscheint dabei nicht scharf, sondern diffus und manchmal von grünlicher Farbe. Ist ein größerer Teil des Mondes in den Kernschatten eingetreten, erkennt man, dass er dort nicht ganz

unsichtbar wird, sondern in einem schwachen rötlichen Licht scheint.

Dieses rote Leuchten wird besonders intensiv bei totalen Mondfinsternissen, wenn sich der gesamte Vollmond im Kernschatten befindet. Es beruht auf der lichtbrechenden Wirkung der Erdatmosphäre: Zwar bekommt der Mond kein direktes Licht mehr von der Sonne, aber aus der Atmo-

sphäre der Erde wird Licht in den eigentlich dunklen Schatten hinein gebrochen. Da dieses Licht zuvor die Erdatmosphäre durchlaufen musste, wurden seine blauen Anteile herausgestreut – deshalb erscheint unser Himmel blau –, so dass nur die roten Farben übrig bleiben.

Wie rot der Mond leuchtet, ist von Finsternis zu Finsternis unterschiedlich: Der Farbton

dererscheinen, das besonders schön am dunklen Mondrand zu sehen ist.

Manchmal streift der Mond einen Stern nur mit seinem südlichen oder nördlichen Rand. Solche Bedeckungen dauern nur wenige Sekunden. Besonders beeindruckend sind Ereignisse, bei denen tiefe Mondtäler den Stern zwischenzeitlich wieder aufblitzen lassen. Für solche Beobachtungen ist allerdings ein kleines Teleskop notwendig.

Sehr selten sind Bedeckungen der Planeten durch den Mond. Hier geschieht das Verschwinden nicht plötzlich, sondern allmählich, weil die Planeten nicht wie Sterne punktförmig erscheinen, sondern kleineScheibchen sind. Im Fernrohr kann man mitverfolgen, wie sich der Mond vor den Planeten schiebt – je nach Planetengröße ist dieser dann in wenigen Sekunden verschwunden.

Derartige Ereignisse sind in astronomischen Jahrbüchern oder Zeitschriften angekündigt – es lohnt sich, sich auf die Lauer zu legen.

---

kann von hellem Orange zu dunklm Rotschwarz variieren. Die Wolkenbedeckung der lichtbrechenden Atmosphärenregionen an der Tag-Nacht-Grenze und der Staubgehalt der Luft, der nach Vulkanausbrüchen besonders hoch ist, sind verantwortlich für diese Unterschiede.

Weil der Mond während der totalen Phase einer Finsternis viel weniger Licht erhält als sonst, überstrahlt er nicht mehr die Sterne des Nachthimmels – schwächere Sterne, die zuvor bei Vollmond unsichtbar waren, kommen zum Vorschein. Der rote Mond zieht dann durch ein Feld schwacher Hintergrundsonnen – ein beeindruckender Anblick.

Mit bloßem Auge sind Mondfinsternisse bereits schön zu sehen, aber den Verlauf der Schattengrenze und die Farben zeigt ein Fernglas viel besser. Beim Fernrohr sollte man eine kleine Vergrößerung wählen, damit der Eindruck erhalten bleibt – mit hohen Vergrößerungen ist nicht mehr, sondern weniger zu sehen.

Der Kernschatten der Erde wird bei einer Mondfinsternis sichtbar gemacht.

7 Die höllische Schwester der Erde

Unser höllischer innerer Schwesterplanet aus der Raumsondenperspektive. Dichte Wolken verhindern jeden Blick auf die Oberfläche.

Auf den ersten Blick sieht Venus fast wie ein Zwilling der Erde aus: Sie ist mit 12.000km Durchmesser nahezu gleich groß wie die Erde. Sie besitzt eine Atmosphäre und weist Hinweise auf zumindest früher vorhandenen Vulkanismus auf. Unterschiedlich sind die Länge eines Jahres mit 225 Erdtagen und die Tageslänge mit 243 Erdtagen.

Von außen gesehen fällt zunächst die dichte Wolkenhülle auf, die Venus weiß strahlen lässt und zum hellsten Gestirn an unserem Himmel nach Sonne und Mond macht. Jedoch verbirgt sich eine Hölle unter der schönen Hülle: Auf der Venusoberfläche herrscht der 90-fache Druck der Erdatmosphäre. Die Temperatur erreicht ca. 470°C und die »Luft« besteht fast ganz aus Kohlendioxid.

Auf Venus regiert der Treibhauseffekt: Die Schwester der Erde ist das warnende Beispiel dafür, dass sich eine Planetenatmosphäre auch in eine lebensfeindliche Richtung entwickeln kann. Die Energie der Sonnenstrahlung – zumindest der Teil, der nicht von den mächtigen Wolken zurückgeworfen wird – bleibt in der Atmosphäre gefangen. Über Jahrmillionen hat dies zur Ausbildung solch extremer Bedingungen geführt, die jedes Leben unmöglich machen.

Die Oberfläche der Venus, fotografiert von einer sowjetischen Raumsonde. Die Sonde wurde wenige Minuten nach der Landung durch den gewaltigen Druck der Atmosphäre zerstört. ↓

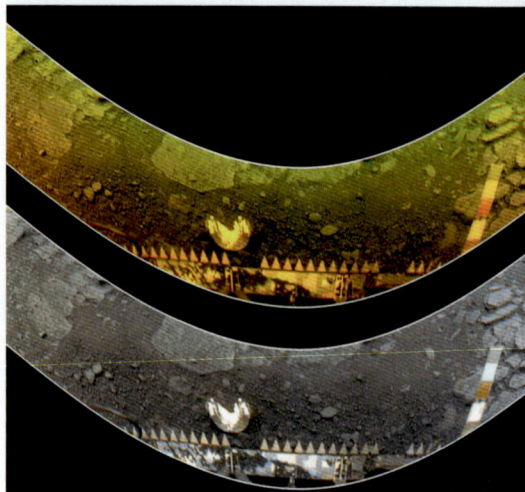

Anblick im Teleskop

Als innerer Nachbarplanet der Erde – die kleinstmögliche Entfernung beträgt 41 Millionen Kilometer, also das 107-fache der Mondentfernung – bleibt Venus von uns aus gesehen immer in der Nähe der Sonne. Sie erscheint daher immer nur als »Abendstern« oder »Morgenstern« und geht nur wenige Stunden nach der Sonne unter bzw. auf.

Weil wir von außen zur Venus auf ihrer Bahn blicken, zeigt sie uns unterschiedliche Gesichter: Steht Venus zwischen Sonne und Erde, können wir sie nicht sehen, weil sie uns ihre Nachtseite zuwendet. Dagegen ist die Venus voll beleuchtet, wenn sie, für uns nicht sichtbar, hinter der Sonne steht. Dazwischen entwickelt sie ähnliche Lichtphasen wie der Mond: Nachdem die »Vollvenus« aus den Strahlen der Sonne am Abendhimmel auftaucht,

VENUS
EIGENE BEOBACHTUNG:

- **Wann:** Am Abendhimmel: Sommer/Herbst 2010, Winter/Frühling 2012, am Morgenhimmel: Frühling/Sommer 2009, Winter 2011, Sommer/Herbst 2012.

- **Wo:** Abends in der Dämmerung Richtung Westen. Morgens in der Dämmerung Richtung Osten.

- **Womit:** Mit bloßem Auge als heller »Stern«. Im Fernglas Sichelgestalt. Im Teleskop alle Venusphasen.

Was ist der Treibhauseffekt?

Tomaten, Erdbeeren, Salat: Sie alle wären auf unseren winterlichen Speisezetteln nicht denkbar ohne Treib- und Gewächshäuser. Ihr Prinzip ist einfach: Wärmende Sonnenstrahlung kann durch die Glasfassaden zwar eindringen, aber die Wärmestrahlung durch das Glas nicht nach außen gelangen. Die Energie bleibt innerhalb des Treibhauses, das sich dadurch aufheizt.

In Planetenatmosphären wirkt der Treibhauseffekt auf molekularer Ebene. Sonnenstrahlen dringen in die Atmosphäre ein und bis zum Boden vor. Dort erwärmen sie die Oberfläche. Diese gibt die Energie als Wärmestrahlung zurück. Verbindungen wie Kohlendioxid und Methan behindern jedoch die Rückstrahlung in den Weltraum. Sie wirken wie das Glasdach im Treibhaus.

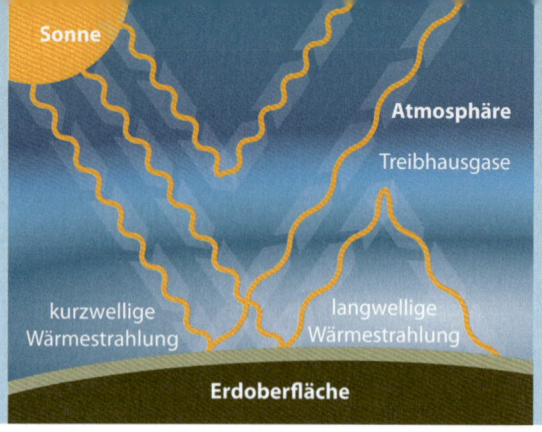

Sonne

Atmosphäre

Treibhausgase

kurzwellige Wärmestrahlung

langwellige Wärmestrahlung

Erdoberfläche

Die Gesichter der Venus, von der Erde aus gesehen.

wird der beleuchtete Anteil kleiner. Zum Zeitpunkt ihres größten Abstands zur Sonne zeigt sie sich halb beleuchtet, und wenn sie zur Sonne zurückstrebt, wird sie zur Sichel und gleichzeitig wegen der Annäherung an die Erde immer größer. Anschließend entfernt sie sich wieder von der Sonne und taucht am Morgenhimmel auf. Der beleuchtete Anteil wird dann wieder größer.

Es ist die Sichelphase, die am spannendsten zu beobachten ist. Die günstigen Stellungen, wenn Venus am Abendhimmel weit genug von der Sonne entfernt steht, kommen alle eineinhalb Jahre vor. Der Planet ist dann einige Monate als heller Abendstern zu sehen – zum Teil so hell, dass manche ihn für ein UFO halten.

Galilei war einer der ersten, der die Venussichel mit einem

Teleskop gesehen hat. Heute reicht ein gutes Fernglas aus. Dabei kann man Venus mitten am Tag beobachten, denn sie ist hell genug, um sich vor einem klaren blauen Taghimmel gut abzuheben – wenn man weiß wo sie steht. Bei der Suche mit dem Fernglas sollte man dieses vorher an einem weit entfernten Objekt scharfstellen und aufpassen, nicht plötzlich die Sonne im Feld zu haben – Blindheit kann die

−18°C würde die mittlere Temperatur auf der Erde betragen, gäbe es den Treibhauseffekt nicht. Durch die Verbrennung von Material aus Kohlenstoff hat der Mensch jedoch den Anteil von Kohlendioxid in der Erdatmosphäre stark erhöht. Den dadurch verstärken Treibhauseffekt bekommen wir durch steigende Mitteltemperaturen zu spüren. Der erhöhte Anteil an Energie, die dadurch nicht mehr in den Weltraum abgestrahlt werden kann, führt darüber hinaus zu extremeren Wettersituationen.

Die Venusatmosphäre besteht zu 96% aus Kohlendioxid. Dies hat zu einem besonders extremen Treibhauseffekt geführt: 470°C beträgt die Temperatur auf der Venusoberfläche. Leben kann unter diesen Umständen nicht entstehen.

Folge sein, bevor man reagieren kann!

Meistens geht Venus, wenn sie zwischen Erde und Sonne steht, etwas oberoder unterhalb an der Sonne vorbei. Ganz selten ergibt sich jedoch eine Konstellation, bei der die Venus vor der Sonnenscheibe steht. Der Planet wandert dann in einigen Stunden als dunkle runde Fläche über die Sonnenscheibe, was man mit einem Sonnenfilter schon mit bloßem Auge sehen kann. Im Fernglas oder Teleskop ergibt sich ein besonders spektakulärer Anblick.

Nach dem letzten derartigen »Venustransit« am 8. 6. 2004 wird der nächste am 6. 6. 2012 folgen – allerdings ist bei uns dann Nacht, so dass man nach Amerika oder zur Mitternachtssonne nach Nordeuropa reisen müsste. Die nächste Gelegenheit ergibt sich erst im Jahr 2117 wieder – Venustransits zählen zu den seltensten astronomischen Ereignissen.

Ganz selten zieht Venus vor der Sonne vorbei – zum letzten Mal am 8. Juni 2004. Der Planet hebt sich dabei dunkel vor der Sonnenscheibe ab.

8 Außerirdische Polkappen und Wüsten

Panorama der Marsoberfläche. Der Planet ist bedeckt von lebensfeindlichen Wüsten. Wasser in flüssiger Form existiert nicht. ↓

Unser äußerer Nachbarplanet hat seit jeher die Fantasie der Menschen erregt. Seine auffällige rötliche Färbung, mit der er sich deutlich von allen anderen Planeten abhebt, und sein großer Helligkeitswandel um das fast 80-fache zwischen bester und ungünstigster Sichtbarkeit mögen dazu beigetragen haben.

Die Aufregung begann jedoch erst 1877 richtig mit dem italienischen Astronom Giovanni Schiaparelli, der im Fernrohr dunkle linienhafte Gebilde gesehen haben wollte. »Canali« nannte er sie, was sowohl einen natürlichen Graben als auch einen künstlich angelegten Kanal meinen konnte. Seine Zeitgenossen faszinierte der Gedanke an letzteres – den Amerikaner Percival Lowell sogar so sehr, dass er sich eigens eine große Sternwarte dafür bauen ließ.

Ein ganzes Netz von Marskanälen kartierte Lowell. Er behauptete auch zu sehen, wie

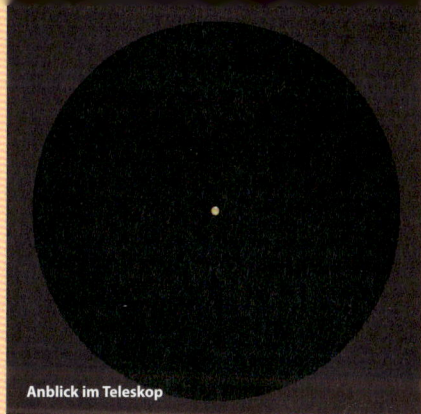

Anblick im Teleskop

die Kanäle in jahreszeitlichem Rhythmus dunkler wurden und Gebiete zu sehen waren, die mit ihrer Hilfe »bewässert« wurden. Zahlreiche andere Laien und Fachleute nahmen seine Ideen auf, und um 1900 war man allgemein überzeugt davon, dass es auf dem Mars eine hoch entwickelte Zivilisation gäbe.

Die »Kleinen grünen Männchen« der Marseuphorie vor 100 Jahren prägen heute noch unser Bild eines Außerirdischen. Doch größere Teleskope und modernere Forschungsmethoden ließen Zweifel an den Marsbewohnern aufkommen. Aber noch in den 1960er Jahren gingen auch Astronomen davon aus, dass zumindest Vegetation auf dem Mars vorhanden wäre.

Doch ein einziges unscharfes Bild der Sonde Mariner 4 am 15. 7. 1965 zerstörte alle Illusionen: Die Marsoberfläche sah aus wie der Mond – eine leblose Kraterwüste. Heute

MARS
EIGENE BEOBACHTUNG:

❓ **Wann:** Winter 2009/2010, Frühjahr 2012, Frühjahr 2014.

❓ **Wo:** Um Mitternacht Richtung Süden, im Sternbild Krebs (2009/10), Löwe (2012) Jungfrau (2014).

❓ **Womit:** Mit bloßem Auge auffälliger orangeroter »Stern«, im Fernglas ebenso, im kleinen Teleskop erst ab 50- bis 100-facher Vergrößerung flächig, am ehesten sind noch die Polkappen zu sehen. Dunkle und helle Markierungen im Teleskop einer Volkssternwarte.

Gibt es Leben im Sonnensystem?

Einer fixen Idee läuft die Menschheit hinterher, seit Kopernikus und Kepler die Erde mit den anderen Planeten des Sonnensystems auf eine Ebene gestellt haben: Der Suche nach einer zweiten Erde, womöglich gar mit dem Zwilling einer anderen Zivilisation. Doch bisher war diese Suche 400 Jahre lang ergebnislos.

Vor 200 Jahren wurden noch alle Planeten als bewohnt angesehen, ohne dass es besondere Hinweise darauf gegeben hätte – sogar Sonnenbewohner galten als möglich. Die neuen astronomischen Untersuchungsmethoden der Analyse des Lichts unserer Nachbargestirne brachten jedoch im 19. Jahrhundert die Erkenntnis, dass die meisten Planeten nicht für Leben geeignet sind.

Umso stärker fokussierte man sich auf Mars, den einzigen Himmelskörper außer dem Mond, dessen Oberfläche man leicht direkt einsehen konnte. Als Schiaparelli

weiß man, dass dies nicht der Realität entspricht, denn weitere Missionen zeigten riesige erloschene Vulkane, gewaltige Canyons – und Spuren von Flüssigkeit, die einst Marslandschaften prägten.

Die Frage nach Leben auf dem Mars ist heute deshalb nach wie vor aktuell, wenn sie auch anders gestellt wird: Bakterien werden gesucht, keine Marsianer. Dazu beigetragen hat ein Mars-Meteorit, den man gut erhalten in der Antarktis fand – mit Spuren von bakteriellem Leben. Ob diese tatsächlich vom Mars stammen, oder erst auf der Erde den Stein befielen, bleibt derzeit noch offen.

Die Raumfahrt verbindet heute mit dem Roten Planeten ihren größten Traum: Eine Tour zum Mars soll das Menschheitsabenteuer des 21. Jahrhunderts schlechthin werden. Der wissenschaftliche Nutzen ist umstritten (wie einst bei den Mondlandungen), aber die Hauptrolle spielt ohnehin mehr menschliches Geltungsbedürfnis: »I was here!«

Dabei gab es bei keinem anderen Planeten derart viele fehlgeschlagene Raummissionen: Fast die Hälfte aller bisher gestarteten Marssonden ging verloren, darunter fast alle russischen. Was den mindestens 55 Millionen Kilometer langen Weg

Der Mars (ganz rechts) ist im Vergleich mit den anderen inneren Planeten Merkur, Venus und *Erde recht klein.*

»Kanäle« sah, war das die Bestätigung einer über Jahrhunderte gewachsenen Erwartungshaltung, die begeistert aufgenommen wurde – Astronomie war plötzlich spannend.

Doch die Sehnsucht, im All eine zweite Erde zu finden, reflektierte mehr den Zeitgeist und nicht den Stand der wissenschaftlichen Forschung – ähnlich, wie es in den vergangenen Jahrzehnten mit dem UFO-Glauben zu beobachten war.

Inzwischen sind alle für die Entwicklung von Leben in Frage kommenden Körper im Sonnensystem untersucht worden: Neben Mars der Jupitermond Europa und der Saturnmond Titan. Spuren außerirdischer Lebensformen konnten nirgends nachgewiesen werden.

Heute wird immer klarer, dass die Entstehung des Lebens auf der Erde tatsächlich ein Sonderfall im Sonnensystem ist – eine höchst unwahrscheinliche Verkettung von besonderen Umständen, die dazu geführt hat, dass sich auf dem 4,5 Milliarden Jahre alten Planeten diese einzigartige Vielfalt herausgebildet hat. Mars hatte dazu wohl ähnliche Voraussetzungen, aber bereits das geringe Abweichen einzelner Faktoren führte bei ihm dazu, dass nicht Pflanzen, sondern rostige Felsbrocken seine Oberfläche bedecken.

schaffte, konnte Ergebnisse zur Erde funken, die beeindruckten: Die Wüstenpanoramen der Viking-Sonden in den 1970er Jahren ebenso wie die im Internet mitverfolgbaren Touren der Marsautos Spirit und Opportunity.

Mars ist der einzige Planet, von dem man von der Erde aus die Oberfläche gut beobachten kann. Der kleine Bruder der Erde – er hat nur etwa die Hälfte ihres Durchmessers – besitzt zwar eine Atmosphäre aus Wasserdampf und Kohlendioxid, diese ist aber so dünn, dass Wasser in flüssiger Form nicht vorkommen kann. Zarte Wolken zeigen sich am Marshimmel, der durch globale Staubstürme manchmal für Monate vollkommen verhüllt wird.

Im Teleskop sind die hellen Polkappen am auffälligsten. Sie bestehen aus CO_2- und H_2O-Eis, das sich im Marswinter bei $-100°C$ niederschlägt, um im Frühling bei Temperaturen um den irdischen Gefrierpunkt zu verdampfen. Daneben kann man jene dunklen Gebiete erkennen, die man einst für Vegetationszonen hielt.

Ein Marstag dauert mit 24 Stunden und 40 Minuten nur wenig länger als bei uns, das Marsjahr misst aber 687 Tage. Der Rote Planet kommt uns nur alle zwei Jahre nahe, wenn wir ihn auf unserer Bahn innen überholen. Dann dominiert sein orangerot funkelndes Leuchten den Nachthimmel.

Die beiden Marsmonde Phobos und Deimos sind nur wenige Kilometer groß und von der Erde extrem schwierig zu sehen.

9 Die Monde eines anderen Planeten

Der Große Rote Fleck ist ein riesiger Wirbelsturm von der Größe der Erde. Er dreht sich am Rand in 6 Tagen einmal um sich selbst.

Jupiter hat keine feste Oberfläche. Sein Anblick wird von dunklen und hellen Wolkenzonen geprägt. Vor dem Planeten steht einer seiner Monde, der seinen Schatten auf Jupiter wirft. ↓

Galileos Galileis größte Gabe war seine Neugier. Als im Jahr 1608 die Nachricht zu ihm drang, dass holländische Spiegelschleifer ein Gerät entwickelt hätten, das entfernte Dinge vergrößern könne, war er fasziniert und baute sich selbst ein solches Instrument. Im Januar 1610 richtete er es erstmals an den Himmel – auf Jupiter.

Was er sah, muss ihm die Sprache verschlagen haben: Neben dem hellen Planeten standen vier kleine Sternchen, in einer Linie mit Jupiter aufgereiht. Galilei beobachtete die Szenerie jeden der folgenden Abende – jedes Mal standen die vier Sternchen anders, manchmal waren auch nur drei oder zwei zu sehen.

Nach einigen Wochen hatte Galilei die Lösung: Die vier Sternchen kreisen um Jupiter, wie Planeten um die Sonne kreisen. Sie sind Monde eines anderen Planeten! Diese Erkenntnis war revolutionär, denn bis dahin drehte sich alles um die Erde – wenn es nach der kirchlichen Lehrmeinung ging – oder die Sonne, wie es Kopernikus formuliert hatte.

Galileos Beobachtung lässt sich heute mit dem kleinsten Fernrohr nachvollziehen. Die vier von ihm entdeckten Monde – von seinem fränkischen Konkurrenten Simon Marius nur einen Tag später beobachtet und mit den Namen Io, Europa, Ganymed und

Anblick im Teleskop

JUPITER
EIGENE BEOBACHTUNG:

❓ **Wann:** Sommer 2009, Sommer/Herbst 2010, Sommer/Herbst 2011, Herbst 2012.

❓ **Wo:** Um Mitternacht Richtung Süden im Sternbild Steinbock (2009), Wassermann (2010), Fische (2011), Widder (2012).

❓ **Womit:** Mit bloßem Auge auffälliger weißer »Stern«, zweithellster Planet nach der Venus, im Fernglas ebenso. Im kleinen Teleskop bei 30-facher Vergrößerung mit den vier Monden und den beiden dunklen Wolkenbändern. Großer Roter Fleck im größeren Teleskop einer Volkssternwarte.

Kallisto versehen – sind heute als Galileische Monde bekannt. Sie sind die vier weitaus größten von insgesamt 60 Körpern, die um Jupiter kreisen – ein Planetensystem im Kleinformat.

Die Bahnebene der Monde ist fast mit der Bahnebene von Jupiter und Erde um die Sonne identisch – so dass wir seitlich auf das System blicken. Die Monde bewegen sich nach links oder rechts, je nachdem ob sie sich vor oder hinter dem Planeten bewegen. Sie können auch vor dem Planeten vorbeigehen oder hinter ihm verschwinden – dann sind sie unsichtbar und scheinen zu »fehlen«.

Was entdeckte Galileo Galilei?

Der Physikprofessor Galileo Galilei war 45 Jahre alt, als er erstmals ein Teleskop in Händen hielt. Dieses Gerät, von ihm selbst nach dem Vorbild der holländischen Erfinder gebaut, war nach heutigen Maßstäben kaum brauchbar. Trübe Linsen von kleiner Öffnung und eine geringe Vergrößerung ergaben ein Bild, das kaum dem eines heutigen Opernglases entsprochen haben dürfte.

Doch Galilei erkannte als erster die Möglichkeiten dieses neuen Instruments für die Astronomie. Er richtete es auf den Mond und war unter den ersten, die das Relief der Mondlandschaften erkannten und somit die prinzipielle Ähnlichkeit dieses Himmelskörpers mit der Erde bewies. Er sah die Phasen der Venus und konnte zeigen, dass dieser Planet die Sonne umkreiste. Er beobachtete die Milchstraße und bemerkte, dass sie aus einzelnen Sternen be-

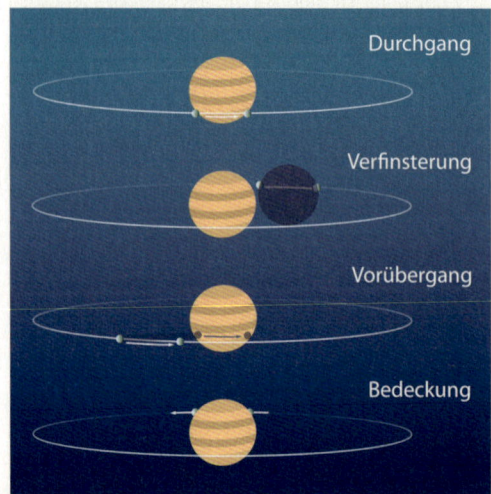

Wir betrachten das System der vier Galileischen Jupitermonde von der Kante. Wenn wir nicht frontal darauf schauen – wie es vor und nach der kürzesten Annäherung der Fall ist – kommen auch Schatteneffekte ins Spiel.

Durchgang

Verfinsterung

Vorübergang

Bedeckung

Spannend wird es, wenn unsere Beobachtungsposition auf der Erde nicht genau zwischen Jupiter und Sonne steht, sondern etwas daneben: Dann kommt der Schattenwurf hinzu. Monde verschwinden hinter Jupiter im Schatten des Planeten – eine Mondfinsternis – und werfen vor dem Planeten ihren Schatten auf Jupiter – eine Sonnenfinsternis. Beides lässt sich mit Übung in einem Teleskop beobachten: 3D-Action live!

Der Tanz der Monde wiederholt sich seit Äonen – stetiger Wandel kennzeichnet aber den Planeten selbst: Wie alle äußeren Planeten – außerdem Saturn, Uranus und Neptun – ist er viel größer als die Erde und hat keine feste Oberfläche. Man spricht daher von »Gasplaneten«: Die Wolken werden mit zunehmender Tiefe dichter, es gibt aber keine Kruste, auf der eine Sonde landen könnte. Aufgrund der Umdrehungszeit von knapp

zehn Stunden herrschen auf dem Planeten stürmische Verhältnisse in einem vielfältigen Klimasystem.

Der größte dieser Stürme ist so groß wie die gesamte Erde und tobt seit 150 Jahren auf dem Planeten: Der so genannte »Große Rote Fleck« ist ein gewaltiger Antizyklon mit Windgeschwindigkeiten von bis zu 500km/h. Warum er so lange stabil bleibt, ist unbekannt, ebenso ist die Herkunft

steht. Und er registrierte die Flecken der zuvor als makellos geltenden Sonne.

Die bekannteste Beobachtung in seiner 1610 veröffentlichten »Sternenbotschaft« aber bleibt die Entdeckung des Jupitersystems – erstmals war der Bezugspunkt von himmlischen Bewegungen nicht auf Erde oder Sonne zentriert, sondern auf einen bis dahin für nebensächlich gehaltenen Pla-neten. Die einmalige Stellung der Erde mit ihrem Mond wurde dadurch relativiert – erst später wur-de entdeckt, dass auch andere Planeten Monde besitzen.

Die wahre Bedeutung Galileis wird heute in sei-nen Arbeiten zur Kinematik und Mechanik gese-hen. Seine astronomischen Beobachtungen führ-ten nicht zu einem neuen Weltbild – hier war der zeitgleich lebende Johannes Kepler entscheiden-der, der die Gesetze der Planetenbahnen aus Be-obachtungsdaten ermitteln konnte – damit war das Kopernikanische Weltsystem, das die Sonne anstelle der Erde in den Mittelpunkt des Alls ge-rückt hatte, wissenschaftlich bestätigt.

der roten Farbe nicht ganz geklärt.

Der Große Rote Fleck ist erst mit größeren Teleskop-en zu erkennen. Einfacher zu sehen sind die beiden do-minanten dunklen Wolken-bänder, die den Planeten umziehen und die Äquator-richtung anzeigen. Bei grö-ßerer Auflösung ist zu erken-nen, dass die Wolkenbänder und die hellen Zonen da-zwischen von zahlreichen kleineren Wolkensystemen bevölkert werden. Diese entstehen und vergehen in ähnlicher Weise wie das Wetter auf der Erde – ohne dass auch beim Jupiter eine »Wettervorhersage« bis heu-te verlässlich möglich wäre.

Jupiter ist der größte Pla-net des Sonnensystems – sein Durchmesser ist mit 140.000km fast elf Mal so groß wie der der Erde. Er kommt uns minimal 600 Mil-lionen Kilometer nahe – des-halb erscheint er trotz sei-ner Riesengröße an unserem Himmel nur etwa 1/40 so groß wie der Mond.

Den Tanz der Jupitermonde hat Galileo Galilei 1609 als erster Mensch beo-bachtet. Von Nacht zu Nacht ändert sich der Anblick.

10 Der Ring um einen Planeten

Der Saturnring ist das bekannteste Motiv unseres Sonnensystems, vielleicht der Astronomie überhaupt. Er symbolisiert die himmlische Ästhetik, die Wunder des Kosmos, das Unbegreifliche der Welten da draußen.

Auch für Galilei war unbegreiflich, was er sah. Zunächst schien der Saturn bei seinen ersten Teleskopbeobachtungen zwei »Henkel« zu haben. Einige Zeit später glaubte er, zwei Monde zu beiden Seiten des Planeten zu sehen. Im Jahr darauf waren diese plötzlich verschwunden.

Erst gute 50 Jahre später erkannte Christian Huygens, dass es sich um einen mit der Planetenkugel nicht verbundenen Ring handeln musste. Weil der Ring in der Äquatorebene des Saturn liegt und diese um 27° gegen die Erdbahnebebe geneigt ist, ergeben sich aus unserem Blickwinkel verschiedene Anblicke: Mal sehen wir auf die Nordseite des Rings, dann »schließt« er sich und verschwindet ganz, wenn wir auf die Kante blicken. In der Folgezeit »öffnet« sich der Ring wieder, bis die Südseite zu sehen ist.

Dieser Zyklus wiederholt sich alle 30 Jahre. Zwei Mal in dieser Zeitspanne kommt es zu den sogenannten »Kantenstellungen«, wenn wir den Ring genau von der Seite sehen – 2009

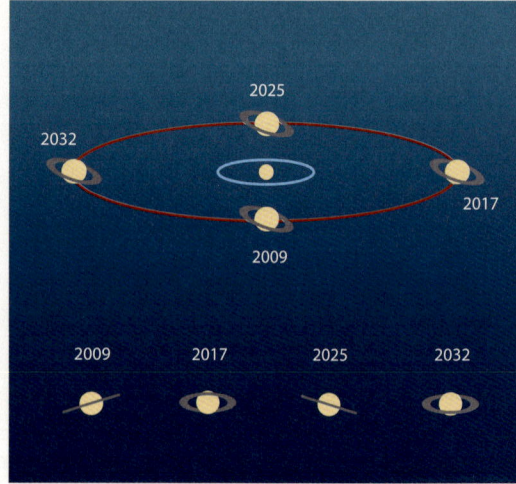

Der Anblick der Saturnringe von der Erde aus kann je nach ihrer Stellung variieren. Alle 15 Jahre sind sie gar nicht zu sehen. ↓

Anblick im Teleskop

SATURN
EIGENE BEOBACHTUNG:

❓ **Wann:** Frühjahr 2009, Frühjahr 2010, Frühjahr 2011, Frühjahr 2012.

❓ **Wo:** Um Mitternacht Richtung Süden im Sternbild Jungfrau (2009, 2010, 2011) und Waage (2012).

❓ **Womit:** Mit bloßem Auge gelblicher »Stern«, deutlich schwächer als Jupiter, im Fernglas ovale Form. Im kleinen Teleskop bei 30-facher Vergrößerung ist der Ring und der hellste Mond Titan zu sehen. Dreidimensionaler Ringeindruck im größeren Teleskop einer Volkssternwarte.

---

tritt diese Konstellation ein. Der Ring entzieht sich dann selbst in größeren Teleskopen der Beobachtung.

Der Grund dafür ist die enorme Schmalheit des Saturnrings: Bei 250.000 Kilometer Durchmesser ist er nur wenige hundert Meter dick – der Vergleich mit einer Schallplat-

te ist also noch weit untertrieben! Wie kann ein solch zartes Gebilde überhaupt stabil sein?

Die Antwort liegt in seiner Natur begründet: Der Saturnring ist nicht fest, sondern besteht aus Millionen von einzelnen Fels- und Eisbrocken von maximal 10m Größe, die

in festen Bahnen um den Saturn kreisen – wie abertausend winzige Monde. Durch Wechselwirkungen mit den größeren, weiter außen kreisenden Monden – Saturn hat davon mehr als 50 – gibt es Bahnen, auf denen mehr Brocken kreisen, und solche, die fast leer von Materie sind.

Wie bewegen sich die Planeten?

Asteres planetai, »Wandelsterne«, nannten die Griechen jene wie die anderen Sterne aussehenden, aber zwischen ihnen hindurchwandernden Gestirne. Spätestens seit Kopernikus und Kepler ist bekannt, dass sich deren Bewegungen aus ihren Ellipsenbahnen um die Sonne ergeben. Da wir selbst die Beobachtungswarte auf einem Planeten einnehmen, erscheinen die Bahnen am Himmel komplizierter, als es vom Brennpunkt der Ellipse der Fall wäre, wo die Sonne sitzt.

Die Erde ist der 3. Planet, von der Sonne aus gezählt. Zwei Planeten liegen also zwischen uns und der Sonne, Merkur (der innerste) und Venus (unser innerer Nachbarplanet). Diese inneren Planeten stehen von der Erde aus gesehen immer in Richtung Sonne, sie sind des-

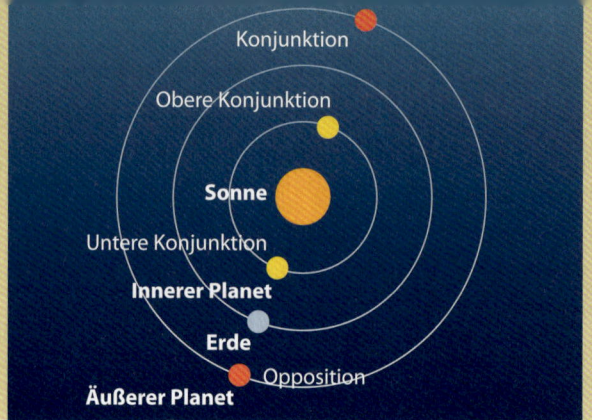

Konjunktion
Obere Konjunktion
Sonne
Untere Konjunktion
Innerer Planet
Erde
Opposition
Äußerer Planet

Der Saturnring besteht eigentlich aus vielen tausend einzelnen Ringen. Er ist nicht überall gleich stark, helle Ringe wechseln mit dunklen ab.

Raumsonden haben gezeigt, dass der Saturnring eigentlich aus 100.000 einzelnen Ringen besteht – hier ist der Vergleich mit der Schallplatte angebracht. Sie erscheinen erst aus der Entfernung als nahezu einheitliches Gebilde. Bei näherer Betrachtung sieht man sogar »Ecken und Kanten« in einzelnen Ringen – hier spielen wieder Wechselwirkungen mit anderen Monden eine Rolle.

Der Saturnring ist nichts besonderes. Bilder der Raumsonden haben gezeigt, dass alle äußeren Planeten – also auch Jupiter, Uranus und Neptun – Ringe besitzen. Sie sind nur wesentlich unauffälliger als die des Saturn und deshalb von der Erde aus kaum zu beobachten.

Über ihren Ursprung ist man sich heute noch nicht ganz einig. Die gängigste Theorie geht davon aus, dass ein größerer Mond durch Gezeitenkräfte des Mutterplaneten zerrissen worden ist und sich die Überreste als Ring formiert haben. Womöglich sind die Ringe auch nur kurzfristige Gebilde – in astronomischen Maßstäben – die sich immer dann formen, wenn ein Mond in die »Gezeitenfalle« seines Planeten tappt.

halb nur abends oder morgens in der Dämmerung oder kurz danach bzw. davor zu sehen.

Wenn ein innerer Planet zwischen Erde und Sonne steht, spricht man von der Unteren Konjunktion. Der Planet ist uns dann am nächsten, steht aber direkt in Richtung Sonne, so dass er von ihr am Taghimmel überstrahlt wird. Steht der Planet hinter der Sonne, ist er weitestmöglich von uns entfernt – auch dabei unsichtbar am Taghimmel. Lediglich zwischen beiden Zeit-punkten schaffen es Merkur und Venus, den Sonnenstrahlen zu entkommen. Sie sind dann als »Abend-« oder »Morgenstern« in der Dämme-rung zu sehen.

Bei den Äußeren Planeten, also Mars, Jupiter, Saturn und den erst in der Neuzeit entdeckten Uranus und Neptun, gibt es die Stellung »hinter der Sonne« ebenfalls, hier wird sie einfach Konjunktion genannt. Ihr Gegenteil ist die Opposition, die dann stattfindet wenn die Erde zwischen Planet und Sonne steht. Der jeweilige Planet steht der Sonne dann genau gegenüber und ist opti-mal am Nachthimmel zu sehen, da er seine ge-ringste Entfernung zu uns einnimmt.

So kommt es, dass die Planeten manchmal sehr gut und hell zu sehen sind, manchmal aber auch gar nicht (wenn sie nahe bei der Sonne stehen). Wo die Planeten in den nächsten Jahren stehen werden, zeigen die Sternkarten im Anhang die-ses Buches.

Schon mit einem kleinen Teleskop kann man den Saturnring selbst sehen! Je nach Stellung erscheint er flacher oder weiter geöffnet. Größere Teleskope zeigen den echten dreidimensionalen Effekt: Ein Teil des Rings geht vor dem Planeten vorbei, der andere wird von ihm bedeckt. Schatteneffekte verstärken den irrealen Eindruck noch.

Saturn ähnelt sonst in vielem seinem größeren Bruder Jupiter. Mit 120.000km Durchmesser ist er etwas kleiner als dieser, mit etwa einer Milliarde Kilometer Entfernung etwa doppelt so weit weg von uns. Auch er besteht aus Gas und zeigt eine Oberfläche aus Wolken, die aber aufgrund der geringeren Energiezufuhr von der Sonne nicht so turbulent wie beim Jupiter ist.

So stellt man sich die Saturnringe aus der Nähe vor – *aufgelöst in einzelne hausgroße Fels- und Eisbrocken.*

11 Eisbrocken vom Rand des Sonnensystems

Kometen sind Meister der Verschleierung ihrer eigenen Natur. Weit draußen am Rand des Sonnensystems, wohin noch keine Raumsonde und kein Teleskop geblickt haben, sind sie eigentlich zu Hause. Mehrere Millionen von ihnen sollen sich in der Oortschen Wolke – so benannt nach Jan Oort, der ihre Existenz voraussagte – aufhalten. Dort draußen sind sie nichts als einige Kilometer große Eisbrocken – »schmutziger Schneeball« ist die passende Umschreibung für einen Kometen.

Kommen Sie jedoch in die Nähe der Sonne – was durch äußere Einflüsse geschehen kann – umgeben sie sich etwa ab der Jupiterbahn mit einer leuchtenden Hülle. Die Sonnenstrahlung lässt das Eis verdampfen. In Sonnennähe sorgt sie zusammen mit dem ständig von der Sonne ausgehenden Teilchenstrom dafür, dass Fahnen aus Staub und Gas entstehen. Der eigentliche Komet ist dann auch mit den besten Teleskopen von der Erde aus nicht zu sehen, sondern nur das Material, das er zurücklässt.

Diese Schweife sind das Erkennungsmerkmal der Kometen: Der auf Fotos bläuliche Gasschweif ist immer genau entgegengesetzt zur Sonne gerichtet, weil deren Strahlung die geladenen Gasteilchen »wegweht«. Der Staubschweif dagegen sieht eher gelblich

Große Kometen weisen normalerweise zwei typische Schweife auf: Blau leuchtet das von der Sonnenstrahlung zum Leuchten angeregte Gas, gelblich der von der Sonne nur angestrahlte Staub, der aus dem Kometen austritt. ↓

Anblick mit bloßem Auge

KOMETEN
EIGENE BEOBACHTUNG:

Wann: Unvorhersagbar, außer bei periodischen Kometen.

Wo: Unvorhersagbar, außer bei periodischen Kometen.

Womit: Helle Kometen bieten mit bloßem Auge den besten Anblick. Mit einem Fernglas kann man den Kopf und Schweif besser erkennen. Teleskope haben ein zu kleines Feld, sie zeigen nur Details. Ein dunkler Himmel weitab von Städten ist wichtig.

aus und weist eine Krümmung auf, weil die Staubteilchen durch den Strahlungsdruck der Sonne hinter dem Kometen zurückbleiben.

Je näher ein Komet an die Sonne kommt, desto stärker werden seine Schweife ausgebildet – sie können über 100 Millionen Kilometer lang werden, was zwei Drittel der Entfernung von der Erde zur Sonne entspricht! Ist der sonnennächste Punkt überschritten, nehmen die Schweife wieder ab. Schließlich bildet sich der Komet wieder zu einem schmutzigen Schneeball zurück – jedoch mit deutlich weniger Masse als zuvor.

Die meisten Kometen tauchen unvermittelt aus den Tiefen der Oortschen Wolke auf und verschwinden nach ihrem Besuch auf Nimmerwiedersehen. Manche Schweifsterne bewegen sich jedoch auch auf lang gezogenen Bahnen, in die sie durch die Schwerkraft der Planeten gezwungen wurden. Diese

Kann man Kometen selbst entdecken?

Alan Hale und Thomas Bopp blicken beide auf dasselbe Objekt: Am Abend des 23. 7. 1995 hatten die amerikanischen Hobby-Astronomen den Kugelsternhaufen M 70 mit ihren Teleskopen im Visier. Zufällig entdeckten sie im gleichen Gesichtsfeld einen matt schimmernden Fleck. Gleichzeitig meldeten sie ihren Fund an das Büro von Brian Marsden, der weltweiten Sammelstelle für derartige Beobachtungen.

Was ihnen gelungen war, ist der Traum jedes Sternguckers: Sie hatten einen bis dahin unbekannten Kometen entdeckt, noch dazu einen der hellsten des gesamten Jahrhunderts! Komet Hale-Bopp verzauberte bei seiner Erdnähe im Jahr 1997 die Astronomen weltweit.

Die Ehre, dem entdeckten Objekt seinen Namen zu geben, stachelt Hobbybeobachter weltweit an, nach bisher unentdeckten Schweifsternen auf die Jagd zu gehen. Die erfolgreichsten ihrer Zunft, wie der Amerikaner David Levy und der Australier Robert Evans, die beide über ein Dutzend Kometen entdeckten, haben ihr Leben diesem Traum geopfert.

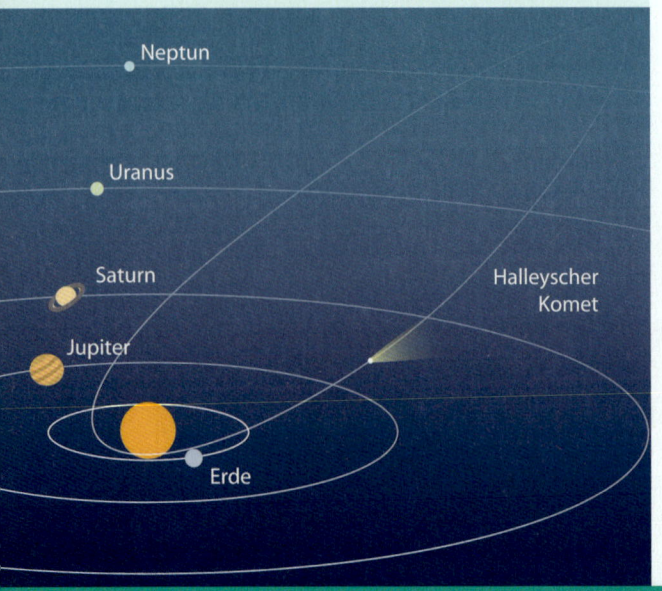

Der Halleysche Komet benötigt 76 Jahre für einen Umlauf und wird erst 2061 wiederkehren.

Neptun

Uranus

Saturn

Jupiter

Erde

Halleyscher Komet

periodischen Kometen kehren regelmäßig an unseren Himmel zurück.

Das berühmteste Beispiel ist der Halleysche Komet. Seine Erscheinungen wurden bereits seit mindestens tausend Jahren beobachtet, als dem englischen Astronom Edmond Halley um 1705 auffiel, dass der Komet von 1682 mit den Erscheinungen von 1607 und 1531 identisch sein müsse. Man konnte nun vorraussagen, dass dieser Komet im Abstand von 76 Jahren gegen 1758 wieder auftauchen würde. Halley erlebte nicht mehr, dass ein sächsischer Bauer den Kometen tatsächlich zu Weihnachten 1758 wiederfand.

Der Halleysche Komet hat bei seinen letzten Wiederkehren 1910 und 1986 viel Aufregung ausgelöst, obwohl er beide Male nicht sehr gut von der Erde aus sichtbar war. 1910 hatten die Menschen noch vielfach Angst vor den angeblich giftigen Dämpfen des Kometen. 1986 herrschte eher der Frust vor, dass der Komet nicht das angekündigte Schauspiel bot.

Angst war vor allem im Mittelalter eine weit verbreitete Reaktion auf Kometenerscheinungen. Sie galten als böse Omen oder warnende Zeichen Gottes. Lange Zeit war unbekannt, ob sich die Schweifsterne in der Atmo-

Um der erste zu sein, bedarf es eines ausgeklügelten Beobachtungsplans, der mit viel Ausdauer allnächtlich abgearbeitet werden muss. Wichtiges Werkzeug sind entsprechende Instrumente – meist riesige Ferngläser oder lichtstarke Spiegelteleskope. Entscheidend ist aber vor allem ein regelmäßig klarer Himmel – was mitteleuropäische Ambitionen von vornherein einschränkt.

Dass es dennoch geht, zeigte 2006 der deutsche Hobbyastronom Sebastian Hönig. Zwar war er bereits seit Jahren Kometen auf der Spur, in jener Nach wollte er aber nur seine Teleskopsteuerung testen – prompt stand plötzlich ein Komet im Okular.

Die meisten Schweifsterne werden jedoch heute von automatischen Suchsystemen gefunden, die in großem Stil den Himmel abscannen. »LINEAR« und »LONEOS« sind deshalb heute die gängigsten Kometennamen. Menschliche Einzelkämpfer haben gegen diese automatisierten Kameras kaum noch eine Chance.

---

sphäre der Erde bildeten oder zum Sternhimmel gehörten. Erst im 17. Jahrhundert wurde man gewahr, dass Kometen nach denselben Gesetzen wie Planeten ihre Bahn um die Sonne ziehen.

Aufgrund des unvorhersagbaren Auftauchens der meisten Kometen, die nicht regelmäßig wiederkehren, sind helle Kometen astronomische Überraschungen ersten Ranges. Innerhalb weniger Wochen können sie auftauchen und zu imposanten Erscheinungen werden. Manchmal kommt es aber auch anders, und zunächst als vielversprechend eingestufte Objekte erweisen sich als »Rohrkrepierer« – weil kaum abzuschätzen ist, wie viel Materie der Komet in seinem Schweif absondern wird.

Richtig helle Kometen, deren Schweif gut mit bloßem Auge sichtbar ist, sind selten – nur alle 10 bis 20 Jahre ist damit zu rechnen. Der letzte Schweifstern, der dieses Prädikat verdiente, war Hale-Bopp 1997. Jedes Jahr sind jedoch schwächere Kometen zu sehen, die mit Ferngläsern und Teleskopen beobachtet werden können.

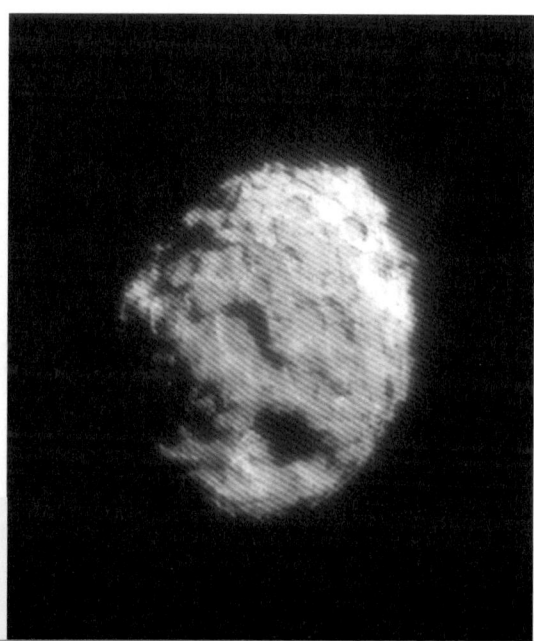

Der Kern eines Kometen kann nur von Raumsonden abgebildet werden. Er ist nur wenige Kilometer groß.

Der Blick aus dem Inneren einer Galaxie

Das Band der Milchstraße steigt in dunklen Sommernächten über den Horizont. Dunkel erscheinende Staubwolken verwehren den Blick auf seine zentralen Teile.

Unvorstellbar weit ist die Entfernung zum nächsten Stern: 39 Billionen Kilometer. Wäre die Sonne so groß wie eine Orange, würden selbst bei diesem Maßstab immer noch 400 Kilometer dazwischen liegen. Dennoch sind alle Sterne, die wir am Nachthimmel sehen können, Teil unserer direkten Nachbarschaft – auch wenn sie mehr als 1000 Mal so weit entfernt sind.

Sie gehören zur Milchstraße, einer Galaxie, die etwa 100 Milliarden Sonnen umfasst und unsere kosmische Heimat darstellt. Sie hat die Form eines in der Mitte aufgewölbten Diskus, dessen Durchmesser 100 Mal so groß ist wie seine Dicke. Unser Sonnensystem sitzt etwa auf zwei Dritteln des Weges zum Rand, vom Zentrum der Scheibe aus gesehen.

Da wir innerhalb des Diskus sitzen, sehen wir dieses Sternsystem von innen: Auf dem kürzesten Weg nach außen, nach »oben« und »unten« also, stehen nur wenige Sterne zwischen uns und dem Rand der Scheibe. Blicken wir jedoch parallel zur Scheibenebene, stehen derart viele Sterne hintereinander, dass sie miteinander verschwimmen zu schei-

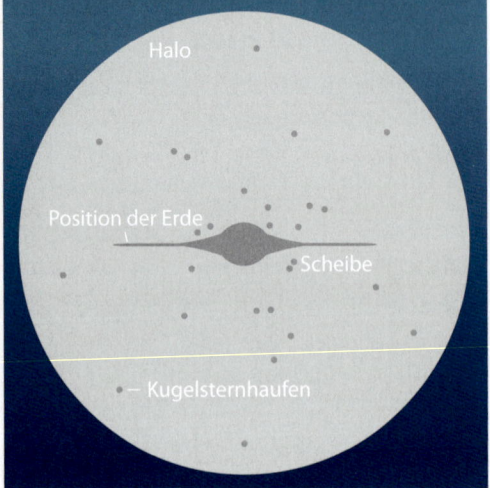

Die Milchstraße ist ein riesiges diskusförmiges Sternsystem. Die Position der Sonne befindet sich in der Scheibe. ⬇

Halo

Position der Erde

Scheibe

– Kugelsternhaufen

Anblick mit bloßem Auge: In der Stadt (links), auf dem Land (rechts).

MILCHSTRASSE EIGENE BEOBACHTUNG:

❓ **Wann:** Ideal im Sommer, aber auch im Herbst und Winter.

❓ **Wo:** Im Sommer Richtung Süden. Im Herbst Richtung Osten und Westen und über unseren Köpfen. Im Winter Richtung Süden.

❓ **Womit:** Das bloße Auge gibt den besten Gesamteindruck. Im Fernglas ist der gewaltige Sternreichtum zu sehen. Im Teleskop erscheinen nur noch kleine Ausschnitte. Ein dunkler Himmel weitab von Städten ist wichtig.

nen. Diesen Schein können wir als milchiges Band am Nachthimmel sehen.

Die Milchstraße umgibt unseren Himmel wie ein Ring – warum das so ist, wird aus der Diskus-Perspektive deutlich. Zum Zentrum der Scheibe blicken wir im Sommer – deshalb ist hier das Band der Milchstraße auch besonders hell und dick. Im Winter blicken wir dagegen in die entgegengesetzte Richtung zum Rand der Scheibe, das Milchstraßenband ist deshalb am Winterhimmel schwächer.

Wie werden Entfernungen im Kosmos gemessen?

Woher kennen die Astronomen eigentlich die Entfernung zu den Sternen, wenn sie selbst dort gar nicht hinreisen können? Die Helligkeit der Sterne am Nachthimmel hilft da nicht weiter, denn ein scheinbar schwacher Stern kann hell, aber weit entfernt sein. Für die nächsten Sterne kann man sich eine Technik zunutze machen, die man auch auf der Erde verwendet, wenn die Entfernung zu einem nicht erreichbaren Objekt bestimmen werden soll: Man steckt eine Basislinie mit bekannter Länge ab und beobachtet das gesuchte Objekt von beiden Enden aus. Mit dem Winkelunterschied der beiden Richtungsmessungen und der bekannten Basislänge kann man den Abstand ausrechnen.

Bei den Sternen ersetzt die Erdbahn um die Sonne die Basislinie: Stolze 300 Millionen Kilometer ergeben sich so! Beobachtet man denselben Stern also im Sommer und im Winter, kann man aus der Verschiebung seiner

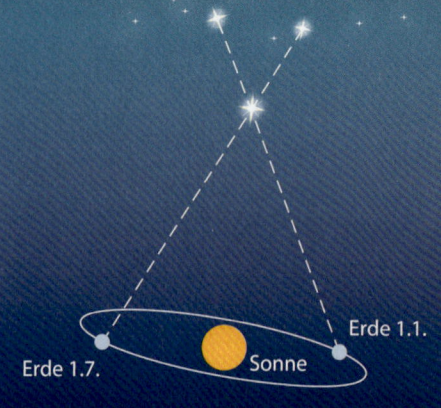

Erde 1.1.

Erde 1.7.

Sonne

Von oben betrachtet erscheint die Milchstraße scheibenförmig. Wir können von unserer Position aus aber nur einen kleinen Teil davon beobachten.

Nicht nur Sterne, sondern auch Gas und Staub gehören zur Milchstraße. Diese Materiewolken schlucken das Licht dahinter liegender Objekte. Das Zentrum der Milchstraße können wir daher optisch nicht direkt sehen, sondern nur unsere unmittelbare Umgebung. Im Radio-, Infrarot- und Röntgenbereich können wir jedoch bis ins Zentrum schauen.

Auch die Struktur der Milchstraße ist ungewiss, weil wir nur einen kleinen Ausschnitt wahrnehmen können. Sicher ist jedoch, dass sich alles um ihr Zentrum dreht. Für unser Sonnensystem beträgt die Geschwindigkeit ca. 800000km/h, ein Umlauf dauert 240 Millionen Jahre. Seit der Entstehung des Sonnensystems haben wir mit-

samt der Sonne also schon fast 19 Umläufe hinter uns.

Mit bloßem Auge können wir, wenn der Himmel sehr dunkel ist, etwa 6000 Sterne der Milchstraße sehen. Legt man sich auf einen Liegestuhl und blickt in Richtung des Milchstraßenbandes, kann man sich nahezu plastisch vorstellen, dass die helleren Sterne nur den unmit-

Position den Abstand errechnen. Das gelingt leider nur für unsere unmittelbare kosmische Nachbarschaft, denn messtechnisch kann man nicht beliebig kleine Winkel genau ermitteln.

Für weiter entfernte Sterne gibt es andere Methoden. Eine von ihnen arbeitet mit einer bestimmten Art von Sternen, die ihre Helligkeit verändern, den Cepheiden. Interessanterweise ist die Dauer des sich regelmäßig wiederholenden Lichtwechsels dieser Sterne an ihre Energieabstrahlung gebunden. Wenn man also den Rhythmus der Schwankungen des Lichts kennt, weiß man, wie hell der Stern wirklich ist. Rechnet man noch die Abschwächung des Lichts auf dem Weg bis zur Erde ein, lässt sich die Entfernung aus dem Unterschied zwischen beobachteter scheinbarer und wirklicher Helligkeit berechnen.

Die Cepheiden sind die Standardkerzen des Universums: Aus ihrem Flackern kann man noch aus großer Distanz erkennen, wie weit sie entfernt sind. Diese Methode kann jedoch nur erfolgreich sein, wenn man sie mit der Messmethode für nähere Objekte verbindet: Erst eine Eichung macht die Cepheiden zu wirklich aussagekräftigen Entfernungsmessern. Die Cepheiden haben geholfen, die Distanz zu vielen Objekten wie Sternhaufen und Galaxien zu ermitteln, in denen sie enthalten sind. Edwin Hubble gelang mit ihrer Hilfe vor 80 Jahren der Nachweis, dass es neben der Milchstraße noch weitere ähnliche Sternsysteme gibt, die Galaxien.

telbaren Vordergrund für die Scheibe aus Milliarden Sternen darstellen, die sich hinter dem verschwommenen Licht verbergen.

Galileo Galilei war der erste, der mithilfe des Teleskops erkannt hat, dass das Licht des Milchstraßenbandes aus einzelnen Sternen besteht. Diese Beobachtung kann man mit einem Fernglas in einer dunklen Sommernacht nachvollziehen: Jedes Gesichtsfeld enthält mehr Sterne als man zählen kann. Jeder von ihnen ist eine riesige Sonne, möglicherweise mit einem eigenen Planetensystem!

Im Teleskop ist der Reichtum an Milchstraßensternen zwar nochmals vergrößert – schätzungsweise eine Million zeigt bereits ein kleines Anfängerteleskop. Doch durch das kleine Gesichtsfeld geht die Perspektive verloren, der Überblick fehlt.

In Richtung des Milchstraßenzentrums ist das leuchtende Band besonders auffällig. Was sich im Kern verbirgt, können wir jedoch nicht sehen.

13 Die Geburt von Sternen

Der Orionnebel ist eine Geburtsstätte von Sternen – man kann sozusagen »live« beobachten, wie sich Gas und Staub zu Sternen ballen. Seine lebendigen Farben erhält der Nebel von leuchtendem Gas, das nicht bei der Sternentstehung verbraucht wurde.

Die gerade entstandenen Sterne im Orionnebel sind großteils noch im Nebel verborgen. Im Infrarotlicht kann man sie sichtbar machen. ↓

Sterne existieren nicht ewig – sie entstehen und vergehen. Ein Blick in ihre Kreißsäle ist möglich, auch wenn die Geburt natürlich kein Ereignis des Augenblicks ist, sondern sich über Jahrtausende hinzieht. Der Orionnebel ist einer der nächsten und deshalb am besten zu beobachtenden derartigen Orte.

Das Weltall ist nicht leer. Zwischen den Sternen existieren Ansammlungen von Gas und Staub. Diese sind zwar so dünn, dass irdische Labore stolz wären sie als Vakuum zu bezeichnen, aber durch die astronomisch großen Räume ergeben sich dennoch erkleckliche Materiemengen. Vor allem Wasserstoff ist hier vorhanden.

Aufgrund der Schwerkraft ballt sich Materie unter ihrer eigenen Schwerkraft zusammen. Der Impuls dazu kann von außen kommen – woher im Detail der Anstoß kommt, ist oft nicht mehr nachvollziehbar. In riesigen Materiewolken entstehen dabei einzelne Verdichtungen, die unabhängig voneinander kontrahieren. Erreicht die Dichte und damit auch die Temperatur im Zentrum einer Verdichtung eine kritische Grenze, setzt die Fusion von Wasserstoff zu Helium ein: Ein Stern ist geboren.

In den riesigen Gaswolken entstehen Sterne nicht allein, sondern in Gruppen von eini-

Anblick im Teleskop

gen hundert oder tausend. Die neu geborenen Sterne sind zunächst in dichten Nebelkokons verborgen. Das Hubble-Weltraumteleskop hat im Orionnebel diese Geburtswiegen der Sterne abgelichtet.

Hier entstehen womöglich auch Planetensysteme. Materie, die bei der Sternentstehung übrig geblieben ist, bildet eine Scheibe um den zentralen Stern, in der sich ebenfalls einzelne Verdichtungen bilden. »Planetesimale« werden diese Keime der Planetenentstehung genannt. Sie sammeln alle Materie aus ihrer Umgebung auf,

ORIONNEBEL (M 42) EIGENE BEOBACHTUNG:

- **Wann:** Winter

- **Wo:** Im Sternbild Orion, unterhalb der drei Gürtelsterne delta (δ), epsilon (ϵ) und zeta (ζ).

- **Womit:** Mit dem bloßen Auge ist der Nebel kaum von den umgebenden Sternen zu unterscheiden. Ein Fernglas zeigt einen kleinen Nebelfleck. Im Teleskop ab 30-facher Vergrößerung offenbart sich die ganze Schönheit des Nebels. Ein dunkler Himmel weitab von Städten ist wichtig.

Gibt es andere Planetensysteme?

Als Giordano Bruno vor 450 Jahren meinte, dass nicht nur die Sonne, sondern auch die Sterne des Firmaments Zentren von Planetensystemen seien, wurde er (unter anderem) dafür wegen Ketzerei auf dem Scheiterhaufen verbrannt. Derzeit erleben wir, dass seine Gedanken bestätigt werden: Jedes Jahr werden dutzende von Planeten um ferne Sterne gefunden. Etwa 300 sind derzeit schon bekannt und ihre Zahl steigt ständig.

Exoplaneten werden die nicht-leuchtenden Begleiter anderer Sterne genannt. Sie existieren in verschiedenen Größen – von wahrhaften Riesen, die selbst unseren gewaltigen Jupiter wie einen Zwerg aussehen

In diesen Staubscheiben entstehen neue Sonnen und möglicherweise auch neue Planetensysteme.

wodurch sie an Masse zunehmen und zu einem Planeten werden – soweit zumindest die Theorie, denn beobachtet wurden solche Prozesse noch nicht.

Im Orionnebel sind in den letzten 10.000 bis 100.000 Jahren – astronomisch gesehen eine ungeheuer kurze Zeitspanne – bereits einige tausend Sterne entstanden. Sie sind zum großen Teil noch hinter den Staubvorhängen ihrer Geburtsorte verborgen, so dass man sie nur mit Infrarotteleskopen sehen kann, mit denen man auch auf der Erde Wolkenvorhänge durchsichtig macht.

Einige Sterne haben sich aber schon von ihren Nebeln befreit – durch ihre eigene Strahlung. Sie senden hochenergetische Strahlung aus, die die Nebelgebiete »wegfegt«. Im Orionnebel ist das »Trapez« besonders auffällig, eine Gruppe von vier dicht nebeneinander stehenden Sternen im Zentrum des Nebels.

Das Trapez ist dafür verantwortlich, dass der Orionnebel leuchtet. Die UV-Strahlung der Sterne wirkt nämlich auf die Gasmassen des Nebels: Insbesondere die Wasserstoffatome werden zum Leuchten angeregt. Sie strahlen rotes und blaues Licht ab – ein kosmisches Gemälde, das seinesgleichen sucht.

Leider ist von der Farbenpracht mit dem menschlichen

lassen, bis zu bescheidenen Welten, die eher mit unserer Erde zu vergleichen sind.

Sie verraten sich durch die Umkreisung ihrer Sonnen, weil sie deren Bewegung beeinflussen oder ihr Licht abschwächen. Direkt lassen sich nur ganz wenige mit irdischen Teleskopen erkennen, denn sie werden von ihren Heimatsternen überstrahlt.

Planetensysteme sind also nichts besonderes, sondern womöglich die Regel bei den meisten Sternen – dann müsste es allein in der Milchstraße viele Milliarden davon geben. Und selbst ein Planet in der für die Entstehung von Leben geeigneten schmalen Zone um seine Sonne wurde schon gefunden, wenn auch ein echter Zwilling der Erde bisher nicht darunter war.

Ist also eine zweite Erde möglich? Rein theoretisch gesehen ja. Ob jedoch auf einem der geeigneten Planeten auch Leben entstehen und gar eine intelligente Zivilsation sich bilden konnte, steht buchstäblich in den Sternen.

Auge kaum etwas zu sehen. Das Licht des Nebels ist aufgrund seiner großen Entfernung zu schwach, als dass wir Farben sehen könnten. Wie auch sonst bei Nacht können wir im Orionnebel nur Helligkeitsunterschiede wahrnehmen – das großartige Objekt bleibt deshalb auch im größten Fernrohr grau, wie übrigens die meisten der Objekte jenseits des Sonnensystems, die sogenannten Deep-Sky-Objekte.

Der Orionnebel ist das Schaustück des Wintersternbilds Orion, dem vielleicht einprägsamsten Muster am Himmel überhaupt. Zwischen den Beinen des Himmelsjägers, da wo bei gewöhnlichen Jägern die Männlichkeit beheimatet ist, sitzt das »Schwertgehänge« des Orion. Im Fernglas zerfällt die Kette von Sternen in den Orionnebel und die vielen Sterne seiner Umgebung.

Im Fernrohr ist der hellste Nebelteil mit dem Trapez gut zu erkennen – bei aufmerksamer Beobachtung auch eine dunkle Staubwolke, die vor dem nördlichen Teil des Nebels liegt, und helle »Schwingen«, die sich nach Süden fortsetzen. Trotz des dynamischen Aussehens ist der Nebel aber nicht veränderlich – seit 400 Jahren staunen die Astronomen über dasselbe Gebilde.

Im unteren Teil des Sternbilds Orion, im »Schwertgehänge« des Himmelsjägers, liegt der Orionnebel – hier erkennbar an der roten Farbe.

14 Sich gemeinsam bewegende Sterne

Das Siebengestirn oder die Plejaden sind der archetypische Sternhaufen, eine Gruppe von gemeinsam entstandenen Sternen. Sie sind das Wahrzeichen jeder klaren Herbstnacht.

In kalten Herbstnächten steht ein Gestirn hoch am Himmel, das am Himmel keine Parallele hat. Die »Glucke mit ihren Küken« nannten es die Bauern früher. Unter dem Namen »Siebengestirn« ist es heute noch bekannt. In Astronomenkreisen ist der griechische Name der Plejaden geläufig – oder die simple Katalognummer M 45.

Die Rede ist von einer Sterngruppe, die seit tausenden von Jahren von Menschen nicht nur beobachtet, sondern auch religiös verehrt und mystisch verklärt wird. Schuld ist die Position nahe der Ekliptik, also der scheinbaren Bahn der Sonne um das Himmelszelt, auf der auch der Mond und die Planeten wandeln.

Die älteste Darstellung der Plejaden ist vermutlich auf der »Himmelsscheibe von Nebra« zu finden, jener geheimnisvollen Metallscheibe, die im Jahr 1999 Grabräuber in einem Wald in Sachsen-Anhalt fanden und mit Gewinn verscherbeln wollten. Die Männer kamen dafür vor Gericht, die Wissenschaft bekam ein einzigartiges Zeugnis der Astronomie unserer Vorfahren.

Auf ein Alter von 3500 Jahren wird die Himmelsscheibe datiert. Sie zeigt die früheste Darstellung des Sternhimmels aus Menschenhand überhaupt. Neben Goldauflagen, die als Mond und Sonne interpretiert werden, enthält sie eine Anhäufung von sieben Sternen, die die Plejaden darstellen könnte!

Die Himmelsscheibe von Nebra zeigt vermutlich die Plejaden auf der ältesten bekannten Darstellung des Firmaments von Menschenhand. ↓

Anblick mit dem Teleskop

Nach einer schlüssigen Theorie diente die Scheibe dazu, die Notwendigkeit der Einfügung von Schaltta- gen in den Kalender unse- rer Vorfahren zu prüfen. Die Zeit wurde mit den Himmels- körpern gemessen – Sonne und Mond bestimmten den Lebensrhythmus. Doch der 29,5 Tage lange Monat ist mit dem 365,25 Tage mes- senden Jahr nicht kompati- bel. Um den Mondkalender zu eichen, könnten die Ple- jaden benutzt worden sein: Immer wenn der Mond in der auf der Scheibe abgebildeten Phase neben der Sterngrup- pe stand, mussten Schalttage eingefügt werden, um beide Zählungen wieder zu syn- chronisieren.

PLEJADEN (M 45) EIGENE BEOBACHTUNG:

❓ **Wann:** Herbst

❓ **Wo:** Im Sternbild Stier.

❓ **Womit:** Mit bloßem Auge unter dunk- lem Himmel sechs oder sieben Sterne. Im Fernglas beeindruckendes Licht- spiel. Im Teleskop nur bei geringer Vergrößerung lohnenswert.

Was ist der Tierkreis?

Stünde das Siebengestirn irgendwo anders am Himmel – es wäre wohl nicht auf der Himmelsscheibe von Nebra abgebildet worden. Doch der kosmische Zufall platzierte die Plejaden so, dass die Planeten wiederholt Besuche einlegen können. Der Mond kommt sogar einmal jeden Monat vorbei.

Die Plejaden liegen neben der Ekliptik oder Tierkreis genannten Bahn der Sonne am Himmel. Geometrisch gedacht ist diese Linie also die an den Himmel projizierte Erdbahnebene. Ihre Lage verdeutlicht, dass die Achse, um die sich unsere Erde dreht, nicht senkrecht auf dieser Ebene steht, sondern um 23,5° geneigt ist. Die Höhe der Sonne am irdischen Himmel wechselt daher: Im Sommer steht sie auf der Nordhalbkugel mittags hoch am Himmel, im Winter dagegen viel tiefer. Diese »Schiefe der Ekliptik« ist der Grund für die Entstehung der Jahreszeiten auf der Erde.

Die jungen blauen Plejadensterne durchqueren gerade ein Staubgebiet. Die Sterne strahlen den Staub an.

Spätere Kulturen verwandten das erste Auftauchen der Plejaden am Morgenhimmel für die Bestimmung des Erntezeitpunkts. Ihr höchster Stand zu Mitternacht im Herbst fällt zudem auf die Nacht vor Allerheiligen – der Ursprung des keltischen Halloween dürfte als Plejadenkult zu deuten sein. Die Griechen schließlich sahen in ihnen Atlas und seine sieben Töchter. Die hellsten Sterne der Plejaden tragen noch heute ihre Namen: Alkyone, Pleione, Merope, Elektra, Maia, Taygeta und Caelano.

Vor etwa 100 Millionen Jahren gingen die Plejaden aus einem Sternentstehungsgebiet ähnlich dem Orionnebel hervor. Um die 500 Sterne entstanden etwa zur gleichen Zeit. Durch die Schwerkraft sind die Sterne aneinander gebunden und reisen seitdem gemeinsam durch die Milchstraße. Sie sind etwa 100 Mal so weit entfernt von uns wie der nächste Stern – astronomisch also ein sehr nahes Objekt.

Dieser Sternhaufen durchquert gerade eine Staubwolke, die sich zufällig auf seinem Weg befindet. Die hellen blauen Sterne strahlen den Staub an, der ihr Licht reflektiert – wie Dunst um eine Straßenlaterne. Die Nebelfäden erscheinen dabei noch blauer als die Sterne, weil das rote Licht stärker gestreut wird – derselbe Effekt führt zur Blaufärbung unseres Himmels.

Auch der Mond und die Planeten bewegen sich (fast) in derselben Ebene wie die Erde um die Sonne. Sie sind deshalb immer in der Nähe der Ekliptik zu finden und können nicht an anderen Stellen des Himmels auftauchen. Der Mond durchschreitet die Ekliptik einmal pro Umlauf, also alle 29,5 Tage. Dabei erscheint er an bestimmten Punkten in wechselnder Phase: Während er im November als Vollmond an den Plejaden vorbeizieht, ist er im Januar nur halb beleuchtet und im April eine schmale Sichel, wenn er das Siebengestirn passiert. Aufgrund dieser Zusammenhänge konnten unsere Vorfahren die Plejaden zur Eichung des Mondkalenders heranziehen.

Weil die Ekliptik hauptsächlich durch Sternbilder mit Tiernamen führt, wird sie auch Tierkreis genannt. Zu Frühlingsanfang steht die Sonne im Sternbild Fische, dann folgen Widder, Stier, Zwillinge, Krebs, Löwe und Jungfrau, wo die Sonne ein halbes Jahr später steht. Auf Waage und Skorpion folgt das 13. Tierkreissternbild Schlangenträger, außerdem noch Schütze, Steinbock und Wassermann. Diese Sternbilder haben nichts mit den Sternzeichen der Astrologie zu tun, die für die Horoskopdeutung verwendet werden.

Wie viele Sterne die Plejaden tatsächlich zeigen, hängt wesentlich von den verwendeten Mitteln und den Beobachtungsbedingungen ab: Mit guten Augen kann man ohne störendes Streulicht abseits von Städten sechs oder sieben Sterne routinemäßig erkennen. Innerhalb von Städten muss man dagegen froh sein, die Plejaden überhaupt noch zu sehen. Im Hochgebirge kann man mit Geduld 10 Plejadensterne zählen, ganz besonders scharfsichtige Zeitgenossen wollen sogar bis zu 14 Sterne gesehen haben.

Im Fernglas oder kleinen Teleskop explodiert der Haufen in ein brillantes Diamantfeuerwerk. Der Anblick der hellen Sterne vor schwächeren Sonnen im Hintergrund ist unvergleichlich – ein Genuss allerdings nur bei schwachen Vergrößerungen, wenn der gesamte Sternhaufen in das Okular passt. Weniger ist hier mehr: Mit einem großen Teleskop kann man nur noch einen Ausschnitt sehen, und der Eindruck verblasst. Die Nebel sind nur unter sehr dunklem Himmel zu entdecken.

Weil die Plejaden neben der Ekliptik stehen, bekommen sie oft Besuch vom Mond und den Planeten.

15 Sich gegenseitig umkreisende Sterne

Von unserer Sonne sind wir gewöhnt, dass Sterne einzeln vorkommen. Doch das muss nicht die Regel sein: Schätzungen gehen davon aus, dass 50% aller Sterne in Paaren entstehen. Auch drei oder mehr Sterne können sich zusammen bilden – der Übergang zu Sternhaufen ist fließend.

Doppel- oder Mehrfachsterne nennt man solche Sternehen. Die Mitglieder einer solchen Verbindung umkreisen dabei einen gemeinsamen Schwerpunkt. Der Abstand zwischen ihnen bleibt also nicht gleich, sondern verändert sich – mal stehen die Sterne besonders weit auseinander, mal sehr nahe zusammen. Diese Änderungen wiederholen sich regelmäßig, wenn das System nicht von außen gestört wird.

Einige Sterne gehen besonders enge Verbindungen ein – sie berühren sich. Die Schwerkraft, die zu ihrem gemeinsamen Tanz führt, verformt sie dabei tropfenförmig. An den Spitzen berühren sich beide Sonnen und es kommt zum Austausch von Materie – meist ein einseitiger Vorgang, bei dem der massereichere Stern seinem Partner Gas abzapft. Von der Erde aus lassen sich solche Dinge aber nur indirekt nachweisen, denn die Entfernungen zu den Sternen sind viel zu groß, als dass sich solche Paare einzeln betrachten ließen.

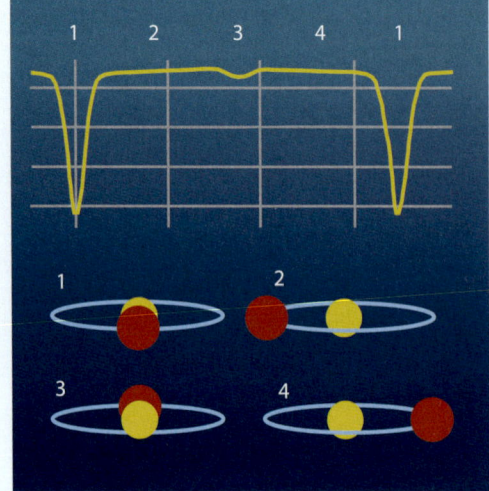

Anblick im Teleskop

Das gilt auch für eine weitere Gruppe von sich eng umkreisenden Sternen. Wenn die Geometrie des Systems und unsere Sichtlinie von der Erde eine glückliche Verbindung eingehen, bedecken sich die beiden Sterne gegenseitig. Da wir dann für einen begrenzten Zeitraum nur noch einen Stern leuchten sehen, verringert sich plötzlich die Helligkeit für einige Stunden. Wenn die Bedeckung vorüber ist, scheint der Stern wieder mit Normallicht. Berühmtestes Beispiel ist Algol, der »Teufelsstern«, bei dem sich diese Ereignisse alle 2 Tage, 20 Stunden, 48 Minuten und 57 Sekunden wiederholen – ein Millionen Jahre altes Uhrwerk.

Die Zeitskala der Umlaufszeiten der meisten Doppelsterne ist im Mittel mit 100 Jahren allerdings recht groß. Nur bei wenigen Paaren kann man eine Positionsverschiebung von unserer Perspektive auf der Erde beobachten – die meisten Doppelsterne scheinen nahezu still zu stehen und zeigen nur über Jahrhun-

Welche Sternbilder gibt es?

Menschen haben schon vor langer Zeit versucht, Ordnung in das scheinbare Durcheinander des Sternhimmels zu bringen. Nahe beieinander stehende Sterne oder solche, die markante Muster bilden, wurden zu wiedererkennbaren Bildern zusammengefügt. Diese Bilder wurden mit mythologischen Bedeutungen belegt.

Unsere heutigen Sternbilder gehen auf die babylonische Astronomie vor 3000 Jahren zurück. Andere Kulturen entwickelten ebenfalls Sternbilder, die den babylonischen verwandt (Ägypten) oder vollkommen fremd (Maya-Kulturen, China) waren. Die babylonische Mythologie wurde von den antiken Griechen aufgenommen und

Einer der bekanntesten Doppelsterne ist das Reiterlein im Großen Wagen. Dieses bekannte Sternmuster ist allerdings nur ein Teil des Sternbilds Große Bärin.

derte oder Jahrtausende eine Bewegung.

Zu den wenigen Sternen, bei denen die Umkreisung schon nach wenigen Jahren registrierbar ist, gehört Alpha Centauri. Dieses Sternsystem ist unser direkter Nachbar im All. Seine beiden Hauptsterne umlaufen sich in 80 Jahren einmal: Wenn man die Position eines der beiden Sterne

als fest annimmt, beschreibt die Bewegung des anderen Sterns eine lang gezogene Ellipse. Dabei können sich beide Sterne so weit voneinander entfernen, dass sie mit einem einfachen Fernglas sichtbar werden – mit bloßem Auge sieht man aber nur einen hellen Stern.

Leider steht Alpha Centauri für uns Mitteleuropäer un-

beobachtbar am Südhimmel. Aber auch der Nordhimmel zeigt einige schöne Doppelsterne. Zu den bekanntesten zählt das sogenannte Reiterlein an einem der Sterne des Großen Wagens, und zwar dort wo die Deichsel einen Knick macht. In einer dunklen Nacht erkennt man etwas oberhalb des hellen Sterns ein zweites schwaches Sternchen. Weil das etwas Übung erfor-

verändert. Da dieses antike Firmament über arabische Gelehrte durch das Mittelalter hindurch auf die neuzeitliche europäische Wissenschaft vererbt wurde, haben die meisten Sterne im Gegensatz zu den Sternbildern arabische Namen.

48 klassische antike Sternbilder gibt es. Als europäische Seefahrer zu Ende des 15. Jahrhunderts die Südhalbkugel der Erde erkundeten und den auch den Griechen unbekannten Südhimmel entdeckten, kamen neue Sternbilder hinzu. Heute gibt es 88 Sternbilder mit festgelegten Grenzen. Jeder Stern kann also einem bestimmten Sternbild zugeordnet werden. Das bekannteste Muster des Sternhimmels – der Große Wagen – ist aber gar kein Sternbild, sondern nur Teil des viel größeren Bildes der Großen Bärin. Wie die meisten Sternbilder ist es nur mit viel Fantasie aus dem Sternhimmel herauszulesen.

Nicht verwechseln sollte man die tatsächlich am Himmel zu findenden Sternbilder mit den Sternzeichen der Astrologen, die nur als Gedankengebilde zur Erstellung von Horoskopen verwendet werden. Trotz der gleichen Namen haben sie nichts mit ihnen zu tun – und weil die Astrologen noch mit dem Himmel von vor 2000 Jahren rechnen, stimmen Sternbilder und Sternzeichen heute nicht mehr überein.

dert gilt das Reiterlein als Augenprüfer.

Die Eigennamen dieser beiden Sterne sind Mizar (der hellere) und Alkor (der schwächere). Ein Fernglas zeigt die Szenerie deutlich. Allerdings ist nicht ganz gesichert, dass die beiden Sterne, die etwa 10 Mal so weit entfernt von uns sind wie Sirius, der hellste und einer der nächsten Sterne am Firmament, wirklich aneinander gebunden sind. Ihr gegenseitiger Abstand ist so groß, dass ihre Umlaufzeit nicht ermittelt werden kann – sie dürfte aber fast eine Million Jahre betragen.

Mit einem kleinen Teleskop erkennt man, dass Mizar selbst noch einmal doppelt ist: Der helle Stern löst sich in zwei reinweiße Einzelsterne auf. Sie besitzen den 400-fachen Abstand Erde-Sonne, also 60 Milliarden Kilometer. Auch ihre Umlaufzeit beträgt mehrere tausend Jahre. Mit speziellen Methoden konnte man nachweisen, dass beide Sterne nochmals doppelt sind – Mizar ist also ein Vierfachsystem!

Alkor ist der Name des Reiterleins, Mizar heißt der helle Stern. Im Teleskop ist zu sehen, dass auch Mizar doppelt ist.

16 Der Todeshauch eines Sterns

In 5 Milliarden Jahren wird sich die Sonne zu einem Roten Riesenstern aufgebläht haben. Sein Rand wird bis zur Erdbahn reichen.

Aus der irdischen Perspektive scheinen Sterne das Symbol für die Ewigkeit zu sein – gleichmäßig und konstant leuchten sie für Jahrhunderte vom Himmel. Doch die Sterne sind gar nicht so unveränderlich wie sie scheinen.

Die 100 Milliarden Sonnen in unserer Milchstraße und in den anderen Galaxien haben eines gemeinsam: Sie sind nur stabil, weil die Schwerkraft ihrer Materie, die auf ihren Kern hin wirkt, vom Strahlungsdruck ihrer Energieerzeugung, der nach außen gerichtet ist, kompensiert wird. Bei der Sonne ist das schon 4,5 Milliarden Jahre der Fall.

Doch das Gleichgewicht hält nicht ewig, denn der Brennstoff für die in den Sternen laufende Kernfusion wird irgendwann aufgebraucht – bei der Sonne in noch einmal 4,5 Milliarden Jahren. Wenn der Wasserstoff im Kern sämtlich zu Helium verbrannt ist, beginnt eine Phase der Instabilität, die das Ende des Sternlebens einläutet.

Doch der Stern verschafft sich noch eine Verschnaufpause, denn je nach Temperatur und Druck sind auch andere Fusionsreaktionen möglich, die das zuvor erzeugte Helium verbrennen und neue Energie er-

Ein Stern entledigt sich seiner äußeren Schichten in mehreren Schüben: Ein Planetarischer Nebel entsteht. ⬇

zeugen. Diese ist aber nicht von langer Dauer. Schließlich bläht sich der Stern auf und vergrößert seinen Durchmesser um das zig hundertfache – die Sonne würde dann bis zur Erdbahn reichen. Das führt dazu dass die Temperatur an der Oberfläche absinkt. Aus der einstmals gelben Sonne ist ein Roter Riese geworden.

Im Stadium des Roten Riesen pulsiert der Stern rhythmisch und verändert dabei seine Helligkeit und seinen Durchmesser. Diese Phase ist im Vergleich zum restlichen Sternleben kurz. Unter den hellen Sternen am Himmel gibt es etwa ein halbes dutzend Sonnen, die derart veränderliche Rote Riesen sind.

Ein berühmtes Beispiel entdeckte ein Pfarrer in Ostfriesland vor 500 Jahren. »Mira«, die Wunderbare, benannte man den Stern, der in einem Jahr zu den hellsten des Herbsthimmels zählen kann, in anderen Jahren aber überhaupt nicht zu sehen ist. Mira ist ein Roter Riese, was man im Teleskop auch farblich gut erkennen kann und Prototyp einer ganzen Klasse von Veränderlichen Sternen.

RINGNEBEL (M 57)
EIGENE BEOBACHTUNG:

- **Wann:** Sommer

- **Wo:** Im Sternbild Leier, zwischen den Sternen beta (β) und gamma (γ).

- **Womit:** Nur mit dem Teleskop unter dunklem Himmel, ein kleiner Rauchring bei ca. 50-facher Vergrößerung. Ein dunkler Himmel weitab von Städten ist wichtig.

Bestehen wir alle aus Sternenstaub?

Der Mensch besteht zum großen Teil aus Wasser, also einem Molekül aus Wasser- und Sauerstoff, sowie Kohlenstoff. Zudem sind eine Vielzahl weiterer Elemente und Verbindungen in unsere Körper eingebaut.

Als das Universum entstand, gab es außer Wasserstoff und Helium, den einfachsten Atomen, keine anderen chemischen Elemente. Alle schwereren Stoffe vom Helium bis zum Eisen wurden erst durch Kernfusion im Inneren von Sternen erzeugt. Der Kohlenstoff in uns entstammt deshalb ebenso einem stellaren Fusionsreaktor wie der Sauerstoff, den wir atmen. Ohne Sterne gäbe es diese Elemente nicht.

In den Endphasen des Sternlebens gelangen die in den Jahrmillionen und Jahrmilliarden erbrüteten

Das Sternbild Leier ist durch das trapezartige Muster unterhalb des Hauptsterns Wega leicht zu identifizieren. Zwischen den unteren beiden Sternen des Trapezes steht der Ringnebel.

Ihre Größe wird den Roten Riesen zum Verhängnis: Die äußeren Gasschichten sind nur noch lose an den Stern gebunden, ein stetiger Teilchenstrom führt ständig Sternmaterie in den Weltraum ab. Extreme Schwankungen in der Energieproduktion im Inneren führen schließlich dazu, dass sich die äußeren Schichten ganz lösen – Todeszuckungen eines sterbenden Sterns.

Innerhalb kurzer Zeit, zumindest in astronomischen Maßstäben, verliert der Rote Riese seine äußeren Gasschichten. Zurück bleibt nur der heiße Sternkern, der sich zu einem Weißen Zwergstern entwickeln wird. Diese Reststerne sind sehr heiß. Ihre Strahlung, hauptsächlich UV-Licht, ist energiereich und kann ähnlich wie in einer Neonröhre Gas zum Leuchten bringen – das Gas der ehemaligen Sternhülle. Diese Gasblasen um sterbende Sterne werden Planetarische Nebel genannt.

Der Begriff ist irreführend, denn mit Planeten haben diese Nebel nichts zu tun. Sie sind extrem gering konzentrierte Ansammlungen der Elemente, die in den Sternen vorher enthalten waren – vor allem Wasserstoff, aber auch Helium und andere schwere

Atome in das Weltall. Bei massearmen Sternen wie der Sonne werden die Elemente in der Phase als Roter Riese und Planetarischer Nebel freigegeben. Besonders effektiv sind jedoch Supernova-Ereignisse: Dabei werden nicht nur die vorher im Sterninnern erzeugten Atome ins All geschleudert, sondern es entstehen unter den besonderen Bedingungen dieser Katastrophen auch viele andere Elemente, darunter Gold, Silber und Uran.

Aus den Materieschwaden im All können wieder neue Sterne entstehen. Diese bauen die von ihren Vorgängern freigegebene Materie ein und verwenden sie weiter. Aus den nicht für die Sternentstehung benötigten Resten entstehen Planeten – und wir.

Die Atome in uns sind also schon vor Milliarden Jahren in Sternen erzeugt und bewegt worden.

Und einige besonders seltene und wertvolle entstammen direkt einer gewaltigen Supernova-Explosion vor langer langer Zeit.

Elemente. Sie existieren nur wenige 10.000 Jahre, da das Zeitfenster zwischen der Entstehung der Gasblasen und dem Auseinanderdriften des Gases nur kurz ist – ein finaler Wimpernschlag.

Der Ringnebel im Sternbild Leier gehört zu den Planetarischen Nebeln. Auch wenn er zu den hellsten seiner Klasse zählt, ist er so schwach, das nur ein Fernrohr unter dunklem Himmel ihn zeigen kann. Ist beides vorhanden, erkennt man einen kleinen Rauchring: das leuchtende Gas der ehemaligen Sternhüllen. Der Sternrest im Zentrum ist bereits so schwach, dass man sehr große Teleskope benötigt um ihn wahrzunehmen. In einigen tausend Jahren wird sich der Nebel verflüchtigt haben und einen Weißen Zwerg zurücklassen, der noch viele Millionen Jahre benötig, bis er völlig abgekühlt ist.

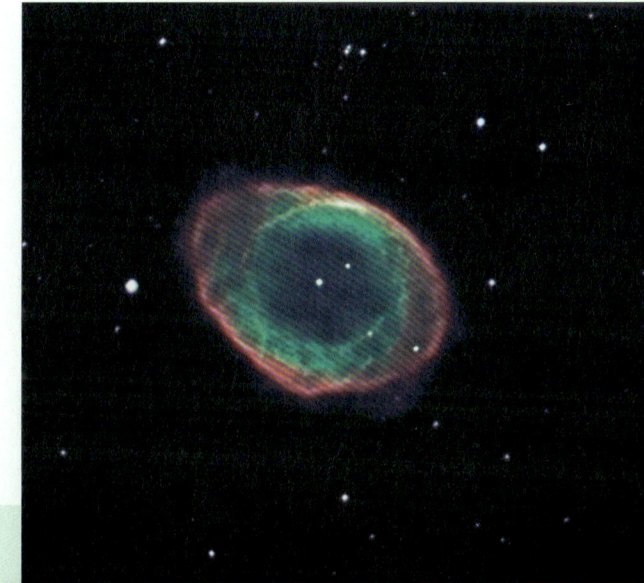

Der Todeshauch eines Sterns: Ein vergänglicher Nebelring ist das Überbleibsel eines langen Sternlebens.

Ein explodierter Stern

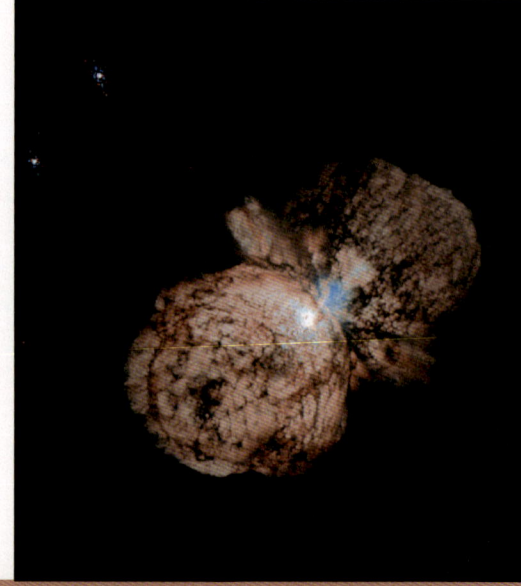

Der Stern Eta Carinae steht vermutlich »kurz« vor einem ähnlichen Supernova-Ausbrch, wie er sich im Jahr 1054 im Sternbild Stier zugetragen hat.

Im Juli des Jahres 1054 erschien im Sternbild Stier plötzlich ein heller neuer Stern, wo zuvor nichts zu sehen gewesen war. Wie aus dem Nichts gekommen, überstrahlte er alles am Firmament, sogar den Vollmond. Über Wochen war der neue Stern sogar am Blau des Taghimmels erkennbar. Dann verblasste er langsam wieder und verschwand zwei Jahre später aus den Blicken der mittelalterlichen Menschen.

Fast 700 Jahre später beobachtete ein englischer Amateurastronom das Gebiet, in dem damals der neue Stern aufgeleuchtet war – ohne etwas von den historischen Berichten zu wissen. Er fand mit seinem Teleskop einen schwachen Nebelfleck. Noch einmal 200 Jahre dauerte es, bis das später Krebsnebel bezeichnete Objekt mit den Ereignissen vor bald 1000 Jahren in Verbindung gebracht wurde: Durch die Ausmessung von in mehreren Jahrzehnten Abstand gewonnenen Fotos ergab sich, dass sich der Nebel ausdehnt – und simples Zurückrechnen führte zur Verbindung mit dem neuen Stern des Jahres 1054.

Anblick im Teleskop

KREBSNEBEL (M 1)
EIGENE BEOBACHTUNG:

❓ **Wann:** Winter

❓ **Wo:** Im Sternbild Stier, nahe dem Stern zeta (ζ).

❓ **Womit:** Nur mit dem Teleskop unter dunklem Himmel, ein kleiner Nebel bei ca. 50-facher Vergrößerung. Ein dunkler Himmel weitab von Städten ist wichtig.

Was war damals passiert?
Auf den ersten Blick schien das Ereignis an eine »Nova« zu erinnern – jene Helligkeitsausbrüche, die man früher auch für »neue Sterne« gehalten hatte, die sich aber später als Helligkeitsausbrüche in engen Doppelsternsystemen entpuppt hatten.

Doch dieser Ausbruch war noch wesentlich stärker: Wie 400 Milliarden Sonnen strahlte der Stern von 1054 – vier Mal so stark wie alle Sterne der Milchstraße zusammen!

Supernova nennt man derartige Mega-Ausbrüche. Sie sind wie die Planetarischen Nebel eine Endphase im Leben der Sterne – aber eine viel spektakulärere! Sie treten nur bei Sternen auf, die sehr viel Masse haben. Der Vorgängerstern des Krebsnebels war etwa 10 Mal so schwer wie die Sonne.

Gibt es Schwarze Löcher?

Sie sind sprichwörtlich: Schwarze Löcher verschlucken alles, vor allem aber ihr eigenes Licht. Ihre Schwerkraft ist so stark, dass nicht einmal die masselosen Lichtteilchen entweichen können.

Schwarze Löcher sind ein mögliches Endstadium der Sternentwicklung. Ihre Entstehung ist theoretisch möglich, wenn ein besonders massereicher Stern eine Supernova erleidet – ist die Masse des Sternkerns sehr groß, können auch die Strukturen auf atomarer Ebene seinen Kollaps nicht aufhalten. Es bleibt deshalb kein Neutronenstern übrig, sondern es entsteht ein Schwarzes Loch.

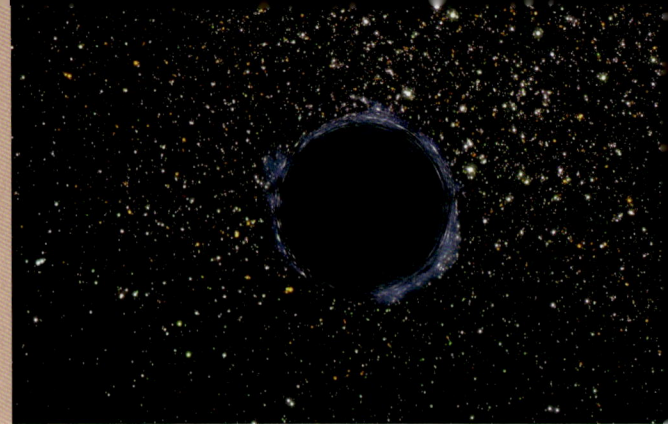

Der »Krebsnebel« zeigt den Schauplatz des Ereignisses knapp 1000 Jahre später. Rot und grün leuchten die Reste der ehemaligen Gashülle des Sterns, die mit großer Geschwindigkeit nach außen streben. Bläulich glimmt die exotische Strahlung, die durch das starke Magnetfeld des Neutronensterns hervorgerufen wird.

Bei solch massereichen Sternen endet die Energieerzeugung im Zentrum nicht mit der Fusion von Helium zu Kohlenstoff wie bei der Sonne, sondern setzt sich bis zur Entstehung von Eisen fort. Dies ist der letzte Fusionsprozess, bei dem Energie frei wird.

Seiner letzten Energiequelle beraubt stürzt der Kern in sich zusammen, implodiert quasi. Dabei wird die Materie im Kern immer dichter, bis dort keine Atome, sondern nur noch die Kernbausteine der Atome, die Neutronen, existieren. Dies setzt dem Sturz der äußeren Hüllen einen plötzlichen Halt – und zerreißt den gesamten Stern in einer der gewaltigsten Explosion, die das Universum kennt.

Übrig bleibt lediglich der extrem verdichtete Kern. Er besteht zum überwiegenden Teil aus Neutronen. Hier ist die Materie derart komprimiert, dass ein Kubikzentimeter eine Milliarde Tonnen wiegt! Der gesamte Stern ist nur noch ganze 10 Kilometer groß, hat aber mehr Masse als die Sonne.

Nach der Explosion muss der nun winzige Stern extrem

Das Schwarze Loch gibt wenig Information über sich preis. Denn wenn ein Stern so zusammengedrückt wurde, dann gelangt nichts mehr nach außen. Man kann das Schwarze Loch deshalb nicht direkt beobachten, sondern nur indirekt über die Wirkung seiner Schwerkraft auf die Nachbarschaft nachweisen – wirklich gesehen oder fotografiert hat sie aber noch niemand.

Insbesondere im Kern vieler Galaxien werden ebenfalls Schwarze Löcher vermutet. Vieles deutet darauf hin, dass auch im Zentrum unserer Milchstraße ein Schwarzes Loch sitzt. Durch das Einfangen von benachbarter Materie, z.B. von Sternen, können solche Objekte wachsen und mit der Zeit enorme Massen ansammeln. Das Schwarze Loch in unserer Milchstraße könnte so-

gar 4 Millionen Mal so schwer sein wie die Sonne und doch ein bescheidener Vertreter seiner Gattung – in anderen Galaxien könnte es Schwarze Löcher geben, die mehrere Milliarden Mal so viel Masse wie die Sonne haben!

schnell um seine Achse rotieren – wie eine Eistänzerin, die bei einer Pirouette die Arme anzieht und sich immer schneller dreht. 30 Mal pro Sekunde dreht sich der Neutronenstern im Krebsnebel um seine eigene Achse. Er besitzt ein sehr starkes Magnetfeld. An seinen Magnetpolen sendet er stark fokussierte Strahlung aus – die Strahlung überstreicht uns wie das Licht

eines Leuchtturms im Rhythmus der Drehung des Sterns. Solche Reststerne von Supernova-Explosionen werden deshalb auch Pulsare genannt.

Der Sternrest erzeugt im umgebenden Nebel ein einzigartiges astrophysikalisches Labor. Durch das starke Magnetfeld sendet er Synchrotonstrahlung aus –

auf der Erde nur unter großem Aufwand zu erzeugen. Auf Fotos erscheint diese bläulich. Grün und rot leuchten die zerrissenen Reste der ehemaligen Gashülle des Sterns – sie werden mit 2500 Kilometer pro Sekunde ins All geschleudert.

Ein einzigartiges astrophysikalisches Labor ist das Gebiet um den Überrest der Supernova, einen Pulsar.

18 Kugeln aus einer Million Sternen

Stellen Sie sich vor, Sie blicken an den Nachthimmel und sehen nicht nur ein paar, sondern tausende helle Sterne – so dicht gedrängt, dass die Milchstraße dahinter kaum noch zu sehen ist. So ähnlich muss es sein, auf einem Planeten in einem Kugelsternhaufen an den Himmel zu blicken.

Kugelsternhaufen ähneln prinzipiell den gewöhnlichen Sternhaufen wie dem Siebengestirn: Sie bestehen aus zusammen entstandenen, durch die Schwerkraft miteinander verbundenen Sternen. Nur sind sie viel größer: eine Million Sterne oder mehr kann ein Kugelsternhaufen umfassen.

Die Physik gibt die Kugel als stabilste Form vor, in der sich eine Gruppe von Körpern sammeln kann. Anders als die normalen Sternhaufen zerfallen die Kugelsternhaufen daher nicht nach einigen Millionen Jahren, sondern bleiben viel länger stabil. Tatsächlich werden sie zu den ältesten, aus Sternen bestehenden Objekten des Universums überhaupt gezählt.

Wie alt ein Kugelsternhaufen ist, kann man aus dem Entwicklungszustand seiner Mitglieder ablesen: Massereiche Sterne entwickeln sich schneller zu Roten Riesen als massearme. Die Zeit, die vergeht, bis sich ein Stern einer bestimmten Masse zu einem

Der hypothetische Himmel über einem Planeten eines Sterns in einem Kugelsternhaufen ist voller Sterne. ⬇

HERKULESHAUFEN (M 13)
EIGENE BEOBACHTUNG:

❓ **Wann:** Frühsommer

❓ **Wo:** Im Sternbild Herkules, zwischen den Sternen zeta (ζ) und eta (η).

❓ **Womit:** Mit geübtem Auge auch ohne Hilfsmittel, im Fernglas sehr kleiner Nebelfleck. Mit dem Teleskop ein runder Nebel bei ca. 50-facher Vergrößerung. Ein dunkler Himmel weitab von Städten ist wichtig.

Roten Riesen entwickelt, kann man berechnen. Jetzt muss man nur noch diejenigen Sterne im Haufen identifizieren, die kurz vor ihrer Entwicklung zum Roten Riesen stehen. Die Zeitspanne, die bis dahin vergangen ist, ist gleichzeitig das Alter des Sternhaufens, wenn man annimmt, dass alle Sterne gleichzeitig entstanden sind.

Kugelsternhaufen sind fast so alt wie das Universum. Als sie entstanden gab es viel weniger schwere Elemente als heute, die erst in den Sternen späterer Generationen »erbrütet« und durch Planetarische Nebel und Supernova-Explosionen abgegeben werden mussten. Untersucht man das Licht der Sterne in Kugelsternhaufen genauer, kann man nur wenige Signaturen schwerer Elemente finden, sie gehören also zu den ältesten Sternen.

Gibt es außerirdische Zivilisationen?

Am 16. 11. 1974 passierte seltsames auf der Karibikinsel Puerto Rico: Menschen nahmen erstmals mit Außerirdischen Kontakt auf. Das größte Radioteleskop der Erde wurde benutzt, um eine Botschaft ins All zu senden: Eine von den Aliens in Symbole zu übersetzende Zahlenfolge sagte »Wir sind hier!«

Zunächst ist diese Gesprächsbereitschaft einseitig und die Adressaten anonym. Und auch die Kommunikation bleibt lange einseitig: Die Antwort wird mindestens 25.000 Jahre auf sich warten lassen, denn der Kugelsternhaufen M 13 wurde als Ziel auserkoren. Ob es die Menschheit dann noch geben wird?

SETI nennt sich der Forschungszweig, der sich mit der Suche nach E.T., den Extraterrestrischen, beschäftigt. Nach 50 Jahren Anstrengung, Signale aus dem All aufzufangen oder selbst welche abzusetzen, muss man nüchtern konstatieren, dass wenig Ergebnisse vorliegen.

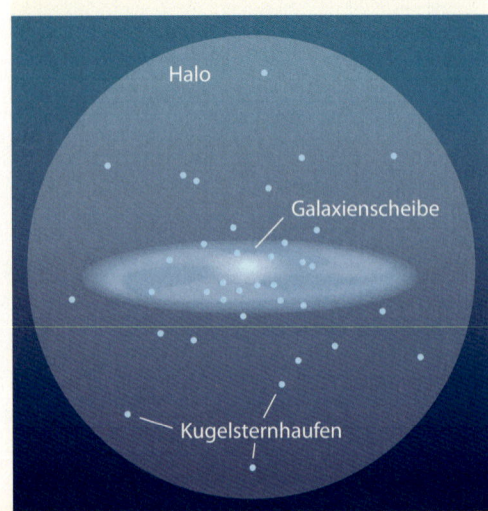

Kugelsternhaufen befinden sich in einem Halo um die Milchstraße herum. Auf ihrem Weg um ihr Zentrum durchqueren sie die Scheibe auch.

Halo

Galaxienscheibe

Kugelsternhaufen

Als das Universum noch »jung« war, gab es zunächst nur Wasserstoff und Helium sowie Spuren von Lithium und Beryllium. Die allerersten Sterne konnten also keine schweren Elemente besitzen. Bis heute ist es nicht gelungen, Sterne dieser ersten Generation aufzuspüren. Wahrscheinlich waren sie sehr massereich und wurden bei Supernova-Explosionen zerstört, wobei die ersten schweren Elemente ins Universum gelangten.

Die Sterne in Kugelsternhaufen besitzen einen ganz geringen Prozentsatz dieser schweren Elemente. Unsere Sonne und die Sterne in der Scheibe der Milchstraße gehören zu einer späteren Sterngeneration und besitzen mehr davon: Das Material, aus dem die Sonne entstanden ist, wurde schon durch mehrere Zyklen von Supernova-Ereignissen und durch Sternwinde und Planetarische Nebel angereichert.

Könnte man die Milchstraße von außen betrachten, würde man sehen, dass sich die Kugelhaufen nicht wie alle anderen Objekte in dem zentralen Diskus befinden, sondern wie ein Schwarm Mücken darum herum. Manchmal durchqueren

Im Gegensatz zu UFO-Enthusiasten, die beinahe jede Nacht irgendwo auf der Erde verdächtiges orten und ohnehin an eine Verschwörung der etablierten Wissenschaft glauben, müssen die Astronomen zugeben, dass ihnen in einem halben Jahrhundert nicht der geringste Hinweis auf außerirdische Intelligenzen untergekommen ist.

Das muss freilich nichts heißen: Das All ist groß, es dürfte Milliarden von geeigneten Planeten geben, deren Bedingungen denen der Erde gleichen. Doch hat sich auf ihnen Leben entwickelt? Ist die Entstehung von Leben überhaupt eine sich wiederholende Entwicklung im Universum, oder ein einmaliges Wunder, das nur auf unserem Planeten stattgefunden hat?

Es steht zu befürchten, dass diese Frage noch länger offen bleiben muss – allein aufgrund der langen Wege, die im All zu überwinden sind. Schon ein Signal zum nächsten Stern bräuchte 4 Jahre, die Antwort darauf noch einmal so viel. Mit der heutigen Technik sind wir jedoch nicht einmal in der Lage zu sagen, ob unsere Nachbarsonne überhaupt ein Planetensystem besitzt.

sie die Scheibe, denn wie alle anderen Mitglieder der Milchstraße umkreisen sie ihr Zentrum. Etwa 150 von ihnen hat man von der Erde aus nachweisen können.

Weil die Kugelsternhaufen so weit weg sind, verschwimmen die Sterne trotz ihrer Helligkeit zu einem diffusen Nebel, wenn man sie mit einem Fernglas oder kleinen Teleskop ansieht. Frühere Astronomen, zum Beispiel Charles Messier, nach dessen Katalog viele von ihnen eine M-Nummer tragen, hielten sie deshalb für Nebel. Um sie als Sternhaufen zu sehen, benötigt man ein größeres Teleskop – ein willkommener Anlass, eine Volkssternwarte zu besuchen.

Der Herkuleshaufen ist der schönste Kugelsternhaufen am Nordhimmel. Er enthält mehr als eine Million Sterne.

19 Licht, das 2,5 Millionen Jahre alt ist

Wie ein Wasserstrudel sieht die »Whirlpool-Galaxie« aus. Tatsächlich sind sich hier zwei Galaxien begegnet. ⬇

Alle bisher betrachteten Objekte waren Teil unserer kosmischen Heimat, der Milchstraße. So unendlich groß uns diese auch vorkommen mag, ist sie doch nur ein verschwindend kleiner Teil des Universums.

Milchstraßen wie unsere gibt es milliardenfach! Sie bestehen wie unser System aus Milliarden Sternen einzeln oder in Sternhaufen, doppelt oder mit Planeten, und den Gas- und Staubwolken, aus denen sie entstanden sind. Sie werden Galaxien genannt.

Unsere Milchstraße ist schon eine recht ordentliche Galaxie, aber keineswegs die größte – es gibt Riesengalaxien mit 100 Mal so vielen Sternen wie die Milchstraße. Die nächste vergleichbar große Galaxie ist im Sternbild Andromeda zu finden.

Die Andromedagalaxie ist 23.000.000.000.000.000.000km, also 23 Trillionen Kilometer von der Erde entfernt. Da solche großen Zahlen unpraktisch zu schreiben sind, benutzt man die Lichtlaufzeit als Maß: 2,5 Millionen Jahre hat das Licht der Andromedagalaxie gebraucht, bis es uns erreicht!

Das Licht stammt also aus einer Zeit, als es die Menschheit noch nicht gab! Und doch

Anblick im Teleskop

ANDROMEDAGALAXIE (M 31) EIGENE BEOBACHTUNG:

❓ **Wann:** Herbst

❓ **Wo:** Im Sternbild Andromeda, oberhalb des Sterns beta (β).

❓ **Womit:** Mit geübtem Auge auch ohne Hilfsmittel, im Fernglas länglicher Nebelfleck. Im Teleskop ein großer ovaler Nebel mit hellem Kern bei ca. 50-facher Vergrößerung. Ein dunkler Himmel weitab von Städten ist wichtig.

ist die Andromedagalaxie unsere nächste Nachbarin – die meisten anderen der Milliarden von Galaxien stehen noch viel weiter entfernt von uns – 10 Millionen, 100 Millionen oder gar 1 Milliarde und mehr Lichtjahre!

Edwin Hubble war es, dem 1924 erstmals derart scharfe und lang belichtete Aufnahmen der Andromedagalaxie gelangen, dass Einzelsterne darauf untersucht werden konnten. Er fand über den Lichtwechsel der Cepheiden-Sterne heraus, dass dieser »Nebel« nicht zu unserer Milchstraße gehören konnte, sondern eine eigene Galaxie bilden musste – eine ungeheure Erweiterung der menschlichen Perspektive!

Die Betrachtung der Andromedagalaxie von außen gibt einen Eindruck, wie auch unsere Milchstraße aussehen könnte: Eine große scheibenförmige Welteninsel, deren Leuchten aus Milliarden von Sternen gebildet wird. Dunkle Staubwolken ziehen sich hindurch, und vereinzelt leuchten rote und blaue Kleckse, die Sternentstehungsgebiete wie den Orionnebel und junge Sternhaufen wie die Plejaden darstellen.

Was ist die Lichtgeschwindigkeit?

Bei einem Gewitter kennen wir den Effekt, dass der Schall uns nach dem Blitz erreicht: Einige Sekunden können verstreichen, bevor der zum Blitz gehörende Donner wahrzunehmen ist. Dies ist abhängig von der Entfernung und funktioniert nur auf der Erde, denn die Luft transportiert die Schallwellen.
Doch auch das Licht benötigt eine gewisse Zeit zur Überwindung einer Distanz. Anders als Schall, der sich mittelbar als Luftschwingung überträgt, kann sich Licht auch im Vakuum ausbreiten.

Knapp 300.000 Kilometer pro Sekunde beträgt die Geschwindigkeit des Lichts im Vakuum, also im Weltraum. Sie gilt gleichermaßen nicht nur für sichtbares Licht, sondern auch für alle anderen Bereiche elektromagnetischer Strahlung: von Röntgenstrahlen über UV-Licht bis hin zu Infrarot- und Radiostrahlung.

Aufgrund der geringen Distanzen auf unserem Planeten ist die Verzögerung von Lichtstrahlen auf

Galaxien bilden oft Gruppen, die durch die Schwerkraft zusammengehalten werden.

Zwei ovale helle Gebilde liegen in direkter Nachbarschaft zur Andromedagalaxie: Es handelt sich um zwei kleinere Milchstraßen, die wie Planeten an ihre Sonne durch die Schwerkraft an die Muttergalaxie gebunden sind und diese umkreisen. Auch die Milchstraße hat solche Begleitgalaxien, die beiden hellsten von ihnen, die Große und die Kleine Magellansche Wolke, sind jedoch nur von der Südhalbkugel der Erde aus zu sehen.

Dass sich mehrere Galaxien zusammen gruppieren hat durchaus System. Unsere Milchstraße bildet mit der Andromedagalaxie und einer Reihe von kleineren Galaxien selbst eine solche Gruppe, die durch die Schwerkraft verbunden ist. Diese ist jedoch winzig gegenüber viel größeren Ansammlungen, den Galaxienhaufen.

Mindestens 2000 Galaxien gehören zum Virgo-Haufen, einem Galaxienhaufen im Sternbild Jungfrau. Dieser ist wiederum nur ein kleiner Teil des Virgo-Superhaufens, zum dem 100 Galaxienhaufen gehören – mit insgesamt geschätzten 10.000.000.000.000.000 Sternen! Beim Anblick dieser Strukturen wird klar, wie durchschnittlich und unbedeutend unsere eigene, uns so groß erscheinende Milchstraße ist.

Die Galaxienhaufen sind in noch riesenhaftere Struktu-

der Erde praktisch nicht bemerkbar. Bei den großen Entfernungen im Weltall erhält sie jedoch Bedeutung. Schon der Mond ist mehr als eine Lichtsekunde von uns entfernt. Bei der Sonne sind es bereits 8 Minuten, die das Licht zu uns unterwegs ist, und Saturn ist rund eine Lichtstunde weit weg.

Minuten und Stunden reichen jedoch nicht aus, um die Entfernung zu den nächsten Sternen zu überbrücken: 4 Lichtjahre steht Alpha Centauri entfernt, mehr als doppelt so weit Sirius, der hellste Stern am Himmel. Das Licht der meisten mit bloßem Auge sichtbaren Sterne hat 10 bis 1000 Jahre Laufzeit hinter sich, bis es in unser Auge gelangt.

Etwa 30.000 Lichtjahre sind es bis zum Rand unserer Milchstraße, jedoch 2,5 Millionen zur nächsten Weltensinsel. Das Universum selbst begrenzt schließlich den Blick in die Ferne bei einem Wert von 13,7 Milliarden Lichtjahren - denn damals ist es überhaupt erst entstanden.

ren eingebunden. Sie bilden ein gigantisches dreidimensionales Netz, an dessen »Fäden« sie sich klumpen, während die »Waben« selbst fast leer sind. Eine besonders markante Struktur, eine Wand aus Galaxienhaufen, wird »Great Wall« genannt. Sie befindet sich in 200 Millionen Lichtjahren Entfernung – also fast 100 Mal so weit weg wie die Andromedagalaxie – und ist 500 Millionen Lichtjahre lang.

Ihr am Himmel gegenüber liegt ein anderer Galaxienhaufen, der vor allem durch seine Anziehung auf die Galaxien in seiner Umgebung auffällt: Seine Schwerkraft zieht die anderen Sternsysteme an. Er wird deshalb »Großer Attraktor« genannt. Was sich in seinem Zentrum wirklich verbirgt ist jedoch unklar.

Blick in einen weit entfernten Galaxienhaufen. Jeder dieser Flecken ist eine eigene Milchstraße mit Milliarden von Sternen.

Der Rand des Universums

Warum ist der Himmel zwischen den Sternen eigentlich dunkel? Heute weiß man, dass dieses Schwarz ein Hinweis auf die endliche Größe des Universums und den Urknall ist.

Die entferntesten Objekte, die wir im optischen Licht sehen können, sind junge Galaxien. Dieses Bild zeigt mehr als hundert von ihnen – und einen Vordergrundstern unserer eigenen Milchstraße. ↓

Warum ist es nachts eigentlich dunkel? Wenn das Weltall unendlich wäre, müsste in jeder Richtung – in beliebig großen Entfernungen zwar, für die das Licht auch beliebig lange Laufzeiten benötigen würde – immer ein Stern stehen. Zwar würde das Sternlicht durch die Entfernung abgeschwächt, bei einem unendlichen Universum wäre dennoch scheinbar kein Zwischenraum mehr zwischen den Sternen sichtbar, aus allen Richtungen würden Photonen auf uns einprasseln – der Sternhimmel wäre taghell statt nachtschwarz.

Heinrich Wilhelm Olbers formulierte diese Frage um 1820. Er sah damals die Unvereinbarkeit dieser Problemstellung mit der Realität darin, dass das Universum nicht unendlich ist. Einsteins Überlegungen führten noch einen Schritt weiter: Durch die begrenzte Geschwindigkeit des Lichts blicken wir am Nachthimmel nicht nur in die Ferne, sondern auch die Vergangenheit. Im Dunkel zwischen den Sternen lässt sich deshalb die Entstehung des Universums sehen.

Diese Perspektive ist für uns ungewöhnlich: In jeder Richtung blicken wir in die Vergangenheit. Das Universum existiert deshalb nicht als Blase mit einer festen Grenze, wie es sich viele Menschen versuchen vorzustellen.

**DUNKLER NACHTHIMMEL
EIGENE BEOBACHTUNG:**

❓ **Wann:** Immer wenn es dunkel ist.

❓ **Wo:** Überall am Nachthimmel. Durch menschliche »Lichtverschmutzung« aufgehellt.

❓ **Womit:** Mit bloßem Auge, Fernglas und Teleskop ist der Himmelshintergrund gleich dunkel.

Die heutige Kosmologie, die Wissenschaft von der Entstehung der Welt, geht von einer Geburt des Universums in einem »Urknall« vor 13,7 Milliarden Jahren aus. Dies wird unter anderen daraus geschlossen, dass fast alle weiter entfernten Objekte sich von uns zu entfernen scheinen: Das Weltall dehnt sich aus.

Von uns weg gerichtete Geschwindigkeit erkennt man an einer Vergrößerung der Wellenlänge des Lichts der sich entfernenden Objekte, der sogenannten Rotverschiebung. Dabei wird das Licht von entfernten Galaxien röter, als man es von nahe stehenden Objekten gleichen Typs kennt. Dieses Phänomen wird Doppler-Effekt genannte und wird auch beim Schall beobachtet: Das Geräusch eines herannahenden Fahrzeugs klingt höher als das eines sich entfernenden.

Was passierte beim Urknall?

Es klingt nahezu unglaublich: Alles was heute existiert und jemals existiert hat, das gesamte Universum, soll vor ziemlich genau 13,7 Milliarden Jahren in einem unendlich kleinen, unendlich heißen Punkt entstanden sein.

Das Universum bestand anfangs aus reiner Energie. Im Ereignis des Urknalls entstanden Raum und Zeit sowie die Elementarteilchen und Kräfte, die unsere Welt bestimmen. Das Universum dehnte sich zunächst schnell aus und kühlte dabei ab.

200 bis 1200 Sekunden nach dem Urknall bildeten sich die ersten Atomkerne aus Protonen und Neutronen: Im Universum gab es somit zu Beginn 76% Wasserstoffkerne und 24% Heliumkerne – die Bau-

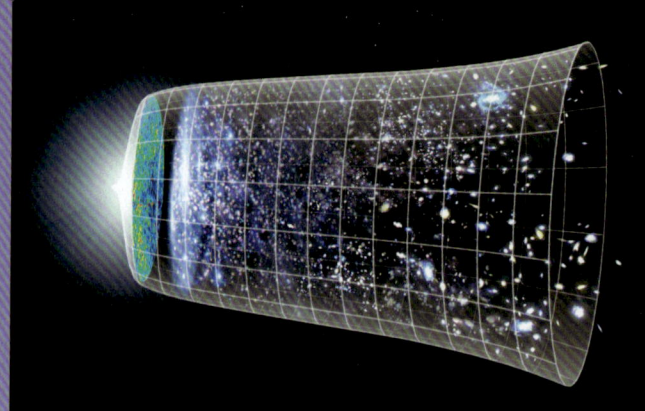

Die Materie im Universum in Form von Galaxien ist nicht gleichmäßig verteilt, sondern entlang von eigenartigen linearen Strukturen angeordnet.

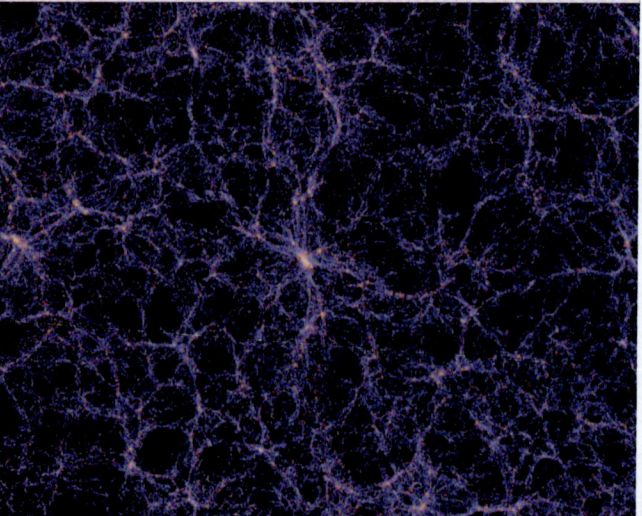

Müsste man den Urknall nicht direkt sehen können? Ja, aber: Je weiter die Objekte entfernt sind, desto größer wird der Effekt der Rotverschiebung. Das Nachleuchten des Urknalls schließlich hat eine derartig große Rotverschiebung, dass die Strahlung bis weit jenseits des optischen Lichts in den Mikrowellenbereich verschoben ist. Diese Strahlung wurde 1964 mit einer Radioantenne nachgewiesen. Sie gilt heute als stärkster Beweis für die Richtigkeit der Urknall-These.

Was wird zukünftig mit dem Universum passieren? Ob die Ausdehnung des Universums anhält, entscheidet die Schwerkraft seines Inhaltes. Ziehen sich die einzelnen Objekte in seinem Inneren gegenseitig genügend an,

Der Doppler-Effekt bewirkt eine Veränderung der Wellenlänge je nachdem, ob sich die Strahlungsquelle auf den Beobachter zu- oder wegbewegt: Das Martinshorn des Krankenwagens klingt zunächst höher und dann tiefer, obwohl es immer mit derselben Frequenz ausgesendet wird.

steine der Sterne. Diese Atome existierten aber noch in einer Art Plasma, Materie und Strahlung waren eins.

Erst 300.000 Jahre nach dem Urknall wurde das Universum durchsichtig, weil sich Materie und Strahlung durch die fortschreitende Ausdehnung und damit verbundene Abkühlung entkoppelten. Dieses Stadium bildet den »Rand«

des Universums aus heutiger Sicht. Das erste Licht nach dem Urknall kann man mit Radioantennen als Kosmische Hintergrundstrahlung nachweisen, die uns in allen Richtungen umgibt. Die Hintergrundstrahlung zeigt bei genauem Hinsehen geringfügige Unregelmäßigkeiten. Man nimmt an, dass sich aus derartigen Anomalien die ersten Sterne und Galaxien gebildet haben.

Der Urknall ist eine Theorie, die aufgrund der Beobachtungen – vor allem der Expansion des Universums und der Hintergrundstrahlung – von den meisten Wissenschaftlern für plausibel gehalten wird. Seine Ursache lässt sich mit dem heutigen Wissen der Physik nicht beschreiben – ebenso wenig wie Spekulationen darüber, ob neben unserem noch andere Universen existieren

---

könnte es zu einem Zusammenziehen und schließlich zu einem Kollaps des Universums kommen. Reicht die Schwerkraft der Materie im Universum dazu nicht aus, dehnt es sich weiter aus.

Die alles entscheidende Frage scheint zu sein, wieviel Materie sich tatsächlich im Universum befindet. Bei der Suche nach der Antwort stießen die Astronomen

auf zwei Probleme: Erstens kann man offenbar nicht alle Materie sehen. Nur ein Teil leuchtet in Sternen und bildet Galaxien, ein anderer, dunkler Teil beeinflusst diese, lässt sich aber nur indirekt nachweisen. Woraus diese dunkle Materie bestehen könnte, ist noch weitgehend unklar. Zweitens beobachtet man eine beschleunigte Expansion des Universums, die auf eine rät-

selhafte abstoßende Kraft hindeutet, die dem Vakuum innewohnt – man spricht von dunkler Energie.

Indirekt sehen wir also im dunklen Nachthimmel nahezu den Rand des Universums und gleichzeitig den Rest des Urknalls. Läge dieser kürzer zurück, wäre der Nachthimmel womöglich nicht so dunkel, wie wir ihn heute kennen.

Im Mikrowellenbereich lässt sich in alle Richtungen am Himmel eine Strahlung nachweisen, die direkt auf den Urknall zurückgeht. Sie zeigt das Universum 300.000 Jahre nach diesem Ereignis – für uns sind seitdem mehr als 13 Milliarde Jahre vergangen.

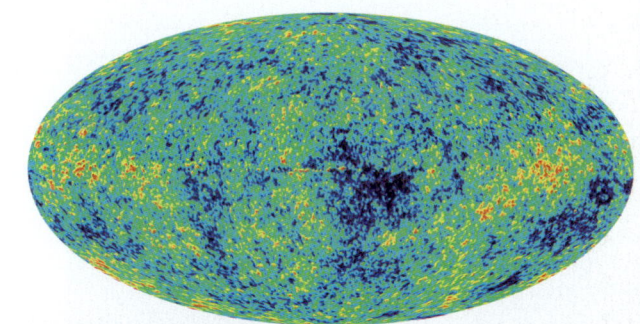

Tipps zur Himmelsbeobachtung *mit dem bloßen Auge*

Unser Auge ist ein einzigartiges Instrument, das uns die Natur »gratis« mitgegeben hat. Es ist in der Lage, die von weither angereisten Lichtteilchen der Sterne aufzufangen und zu einem Bildeindruck zu verarbeiten. 5000 von ihnen sind am gesamten Himmelszelt zu sehen, etwa die Hälfte zeigt der Nachthimmel zu jedem Zeitpunkt.

Ein Himmel voller Sterne ist ein beeindruckendes Naturerlebnis. Kalte Winternächte sind besonders gut für die Himmelsbeobachtung geeignet, denn es wird früh dunkel und zahlreiche helle Sterne sind zu sehen.

Doch die Pracht des Nachthimmels ist gefährdet. Durch die ständig zunehmende Beleuchtung von Straßen, Gebäuden, Gewerbegebieten und Industrieanlagen wird der Nachthimmel aufgehellt, die Sterne verblassen. Es gibt heute in Mitteleuropa keinen Ort mehr, an dem ein natürlicher Sternhimmel erlebt werden kann.

Diese »Lichtverschmutzung« hat dramatische Auswirkungen auf das Naturerlebnis Sternhimmel: In den meisten Gebieten sind heute nur noch etwa 20% der eigentlich erreichbaren Sterne zu sehen. In den Zentren der Großstädte sind von den 5000 Sternen sogar nur 100 übrig geblieben: Ein gewaltiger Verlust.

Die Milchstraße, das silberne, reich gegliederte Band, das sich über den Himmel zieht, kennen heute nur noch wenige Menschen. Nur dort wo es sichtbar ist lohnt der Himmel noch einigermaßen für astronomische Beobachtungen. Dazu muss man einen weiten Weg abseits der Ballungszentren in Kauf nehmen.

Um viele Sterne zu sehen, bedarf es auch natürlicherweise eines dunklen Himmels: Das helle Mondlicht stört

Aus dem All betrachtet sieht Europa wie mit Glühwürmchen gespickt aus. Die Lichtemissionen der großen Städte zerstören jedoch das Naturerlebnis eines sternübersäten Nachthimmels.

ebenso wie die nicht abgeschlossene Dämmerung. Im Sommer ist diese besonders lang, und in Norddeutschland hört sie von Mai bis Juli gar nicht auf: Die »Weißen Nächte« lassen die Milchstraße ebenfalls verschwinden.

Tipps zur Himmelsbeobachtung
mit dem Fernglas

Ein Fernglas ist ein ideales astronomisches Instrument und für viele Beobachtungen besser geeignet als ein Teleskop. Es ist in vielen Haushalten schon vorhanden – falls nicht: Billigmodelle gibt es bereits ab 20 Euro, gute Gläser ab etwa 200 Euro zu kaufen.

Der große Vorteil des Fernglases: Es ist schnell zur Hand, leicht transportierbar und immer dabei, wenn man es braucht. Das große Gesichtsfeld macht es zudem leicht, Objekte am Himmel auch zu finden.

Auf jedem Fernglas sind zwei Kenngrößen vermerkt: Die Vergrößerung und die Öffnung der Objektivlinsen. 8×30 bedeutet also, dass das Glas die Dinge 8 Mal so groß wie mit bloßem Auge zeigt, und zwei 30mm-Linsen besitzt.

Für die Himmelsbeobachtung ist diese Öffnung besonders wichtig, denn sie bestimmt wieviel Licht im Auge des Beobachters ankommt. Ein 30mm-Fernglas sammelt ca. 130 Mal soviel Licht wie das Auge. Bei einem 50mm-Glas sind es schon 350 Mal so viel!

Die Vergrößerung gibt an, welche Details man sehen kann. Allerdings ist hier weniger oft mehr, denn das Zittern der Hände, die das Fernglas halten, wird ja mitvergrößert: Mehr als 10-fache Vergrößerung lässt sich kaum mehr stabil halten. Für höher vergrößernde Gläser sollte man sich deshalb unbedingt ein Stativ besorgen.

Viele astronomische Objekte sind sehr klein und lichtschwach. Deshalb ist eine gute Qualität des Instruments wichtig. Dazu zählt die sogenannte Vergütung: Diese Beläge auf den Linsen erhöhen die Lichtdurchlässigkeit. Billige Gläser haben keine oder rot schimmernde Beläge, teure Vergütungen schimmern eher grünlich.

Auch Farbfehler sollte ein Fernglas nicht aufweisen: Diese Farbsäume sind besonders bei harten Kontrasten, z.B. einer Antenne, zu erkennen. Wichtig ist auch, dass das Fernglas nicht zu schwer ist, sonst ermüden die Hände schnell. Es gibt jedoch heute Instrumente mit elektronischer Bildstabilisierung, die das Zittern der Hände ausgleichen – allerdings für keinen geringen Preis.

Ein typisches preiswertes Fernglas aus chinesischer Produktion. Die Datenangabe 10×50 gibt Auskunft über Vergrößerung (10-fach) und den Durchmesser der Objektive (50mm).

Das Fernglas ist ein ideales Beobachtungsinstrument für Mond und Sterne – es ist leicht, schnell einsatzbereit und einfach zu transportieren.

Tipps zur Himmelsbeobachtung *mit einem kleinen Fernrohr*

Drei Dinge kann ein Teleskop besser als das Auge: Licht sammeln, Einzelheiten auflösen und Details vergrößern. Für das Lichtsammel- und das Auflösungsvermögen ist der Durchmesser der Teleskopoptik entscheidend: Je größer ein Teleskop, desto mehr Licht sammelt es und desto feinere Einzelheiten kann es auflösen.

Das Vergrößerungsvermögen eines Teleskops ist von diesen beiden Fähigkeiten abhängig, denn wenn zuwenig Licht vorhanden ist wird das Bild dunkel und bei zu wenig Auflösung wird es flau. Mit einem größeren Teleskop kann man also höher vergrößern als mit einem kleinen.

Welche Vergrößerung genau ein Teleskop hat, kann man selbst bestimmen: Durch die Wahl des Okulars. Mit dieser kleineren Zusatzoptik wird das Teleskopbild betrachtet. Dabei gilt:

Vergrößerung = Teleskopbrennweite/Okularbrennweite
Ein Teleskop mit 600mm Brennweite erreicht also mit einem 10mm-Okular eine 60-fache Vergrößerung.

Demnach müsste man mit einem 3mm-Okular auch eine 200-fache Vergrößerung erreichen. In der Praxis ist das aber nicht umsetzbar. Die Faustregel für die höchste sinnvolle Vergrößerung setzt den zweifachen Durchmesser des Teleskops dafür an. Hat dieses z.B. 60mm Öffnung, ist 120× das Höchste der Gefühle. Trotzdem werden viele Einsteigerteleskope mit wahnwitzigen Vergrößerungswerten beworben – daran erkennt man bereits unseriöse Anbieter.

Einfache Teleskope sind nicht teuer, schon ab 50 Euro bekommt man chinesische Billigware, die aber oft mehr Frust als Lust bereitet, gerade für Kinder und Jugendliche. Für ein vernünftiges Teleskop muss man mindestens 250 Euro investieren. Mit besserer Qualität der Optik steigt das Leistungsvermögen des Teleskops und damit auch der Spaß unter dem Sternhimmel.

Linsen oder Spiegel können die Bestandteile der Optik sein, die das Bild erzeugt. Man unterscheidet deshalb Linsenteleskope (Refraktoren) und Spiegelteleskope (Reflektoren). Die Linsenteleskope sind die »klassischen« Fernrohre, man blickt am hinteren Ende des Teleskoprohrs in das Okular. Die Spiegelteleskope sind meist in der Bauweise nach Newton ausgeführt, dabei blickt man am oberen Ende seitlich in das Teleskop, was gerade bei hoch stehenden Objekten bequemer ist. Beide Bauarten haben Vor- und Nachteile, die sich bei Einsteigermodellen aber in etwa wieder aufheben.

Mit der Optik allein ist es jedoch nicht getan, genauso wichtig ist der Unterbau, die sogenannte Montierung. Bei der Himmelsbeobachtung gibt es nämlich ein großes Problem: Man muss die Erddrehung ausgleichen – sonst wandern die Objekte schon nach kurzer Zeit aus dem Gesichtsfeld. Bei 100-facher Vergrößerung hat man nur 2 Minuten Zeit ein Objekt anzusehen!

Die sogenannte azimutale Montierung kann diese Bewegung nicht kompensieren, sie lässt sich nur in der Horizontrichtung (Azimut) und Höhe bewegen. Die Objekte müssen ständig nachgestellt werden. Bequemer ist eine parallaktische Montierung; diese lässt sich in den Himmelskoordinaten bewegen, und nur noch eine der beiden Achsen muss nachgeführt werden. Das kann man mit einem Motor automatisieren – dieser ist für viele Montierungen aufrüstbar.

Beim Linsenteleskop bündelt eine speziell geschliffene Glaslinse das einfallende Licht.

Viele frischgebackene Teleskopbesitzer verzweifeln beim Aufsuchen der Objekte. Durch die hohe Vergrößerung des Fernrohres werden die Gesichtsfelder nämlich sehr klein. Ohne Übersicht am Himmel sind Sterne und Planeten aber kaum zu treffen! Viel Geduld und Können ist deshalb zum Aufsuchen eines Objekts nötig. Dazu verwendet man am besten eine Visierhilfe (Sucher) und eine möglichst niedrige Vergrößerung – in der Praxis wird man diese viel öfter brauchen an die größte!

Die moderne Technik hat auch hier Einzug gehalten: Computersteuerungen übernehmen Nachführung und Aufsuchen automatisch. Die Eingabe des gewünschten Objektnamens und ein Druck aufs Knöpfchen reicht, und schon richtet sich das Teleskop automatisch aus – wenn es zuvor richtig initialisiert wurde. Solche Finessen kosten heute nicht mehr als 250 Euro.

Die Lichtverschmutzung kann ein Teleskop nicht überlisten: In der Stadt zeigt es deshalb viel weniger als auf dem Land oder gar im Gebirge. Streulicht von Lampen stört die Dunkelanpassung des Auges zusätzlich – »ein dunkler Himmel ist durch nichts zu ersetzen« lautet deshalb eine Binsenweisheit unter Sternfreunden.

Besuch an einer Volkssternwarte

Man muss sich kein Fernrohr kaufen, wenn man den Himmel durch ein Teleskop sehen will. Überall in Deutschland, Österreich und der Schweiz gibt es öffentliche Sternwarten. Diese Volkssternwarten bieten regelmäßig Beobachtungsabende kostenlos oder zu geringen Beträgen an. Sie werden meistens ehrenamtlich betrieben.

Die meisten Volkssternwarten verfügen über ziemlich große Teleskope, liegen aber oft inmitten der Städte und haben keinen guten Himmel. Es lohnt sich aber in jedem Fall, einen Besuch abzustatten, gerade wenn man mit bloßem Auge und Fernglas schon erste Erfahrungen gesammelt hat. Eine Liste im Anhang enthält die Internetadressen der größten Sternwarten im deutschsprachigen Raum.

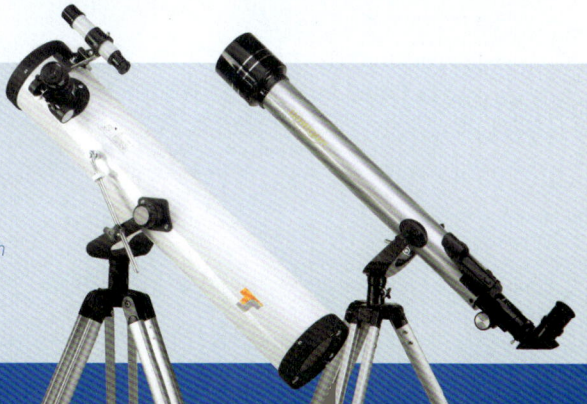

Beim Spiegelteleskop nach Newton-Bauart befindet sich der Sammelspiegel hinten im Teleskoprohr. Das Licht wird wieder nach vorne zurückgeworfen und über einen kleinen Fangspiegel nach außen gelenkt.

Zwei preiswerte Einsteiger-Teleskope, wie sie heute für 50 bis 100 Euro zu haben sind. Das Linsenteleskop der Marke Omegon (rechts) entspricht dem klassischen Bild vom Teleskop. Beim Newton-Spiegelteleskop von Teleskop-Service (links) blickt man dagegen seitlich ins Okular.

Der Nachthimmel im Januar/ Februar

- 1. Januar 0 Uhr MEZ
- 15. Januar 23 Uhr MEZ
- 1. Februar 22 Uhr MEZ
- 15. Februar 21 Uhr MEZ

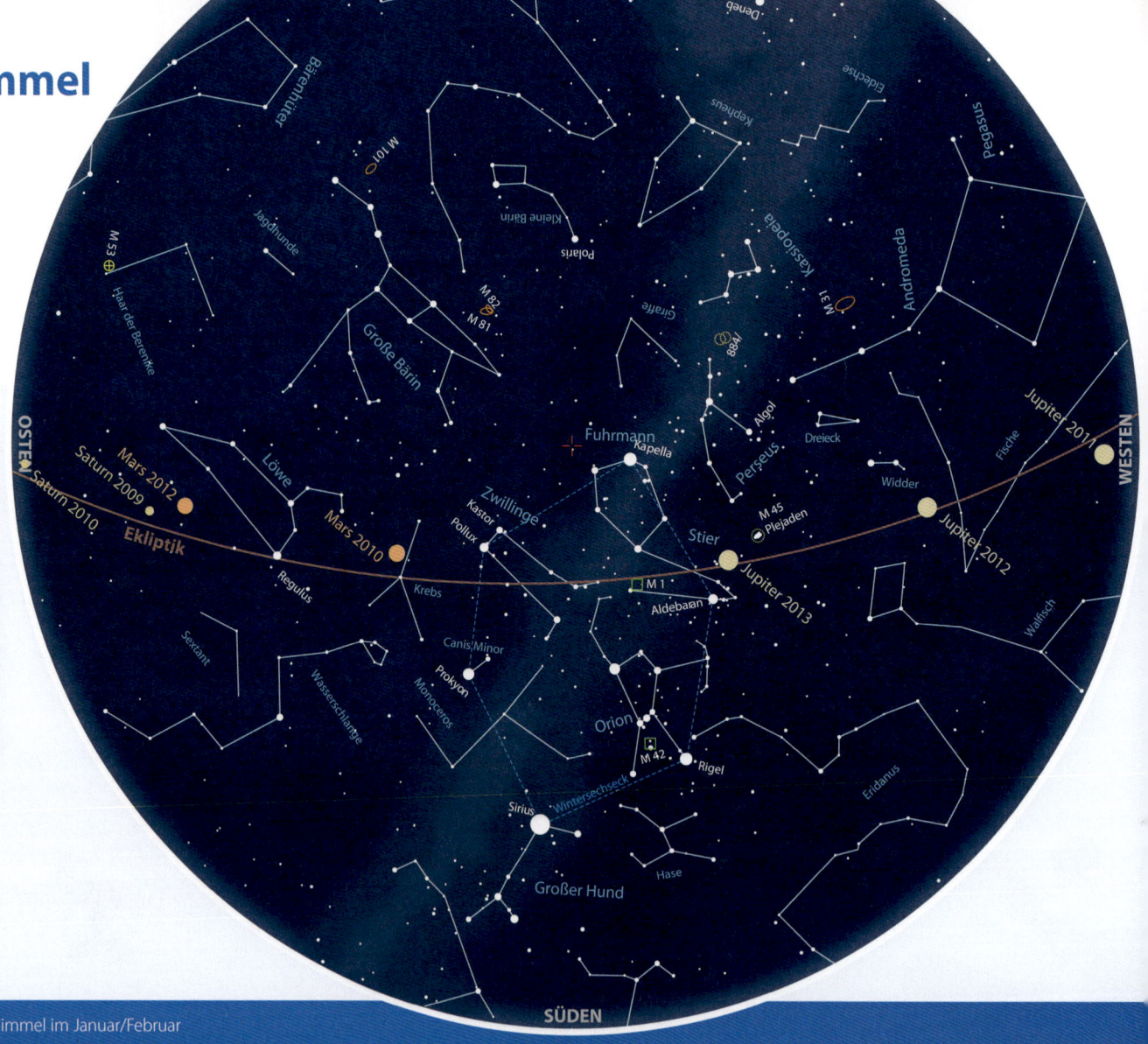

Der Nachthimmel im März/April

1. März 0 Uhr MEZ

15. März 23 Uhr MEZ

1. April 23 Uhr MESZ

15. April 22 Uhr MESZ

Der Nachthimmel im Mai/Juni

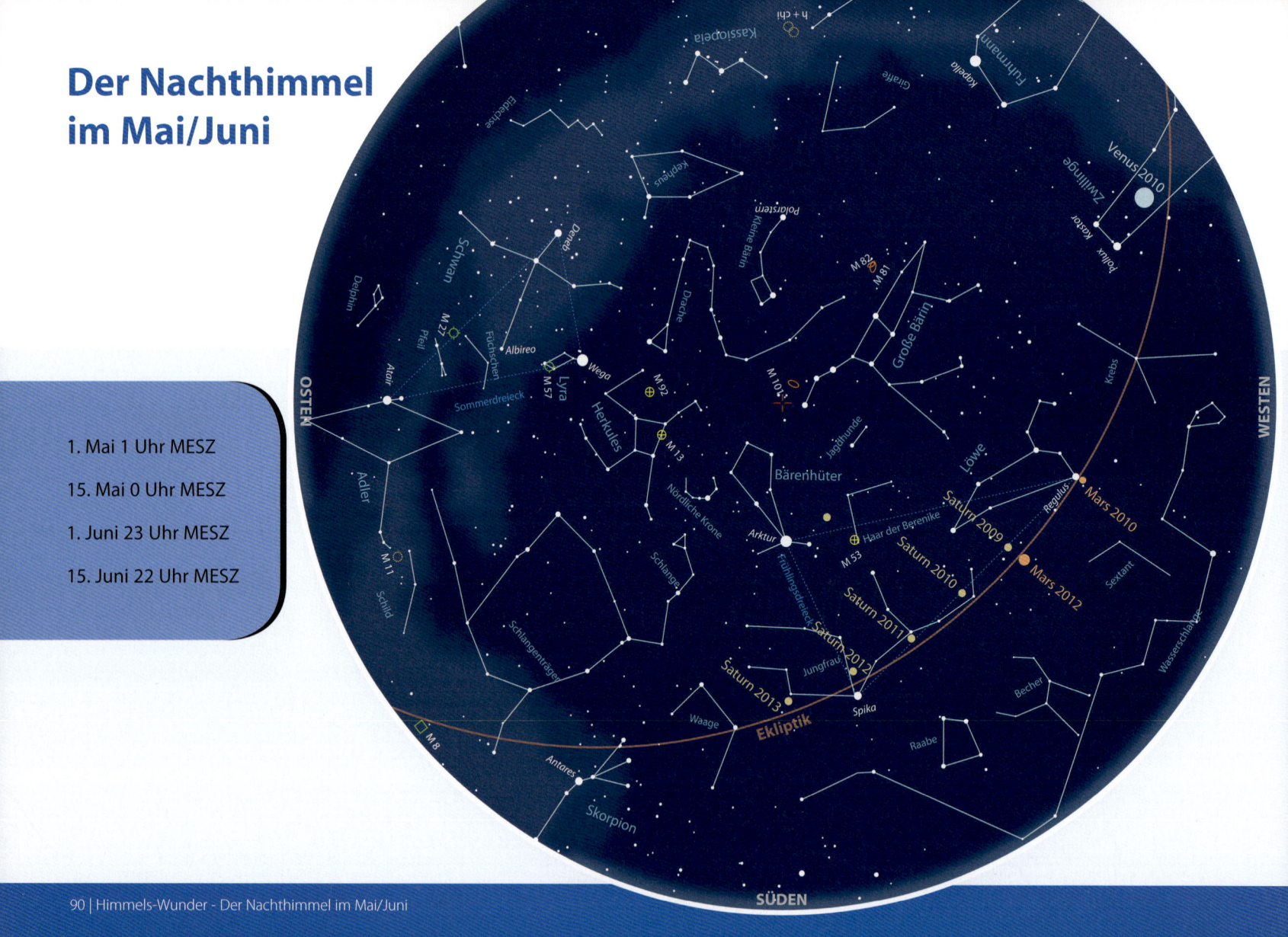

1. Mai 1 Uhr MESZ

15. Mai 0 Uhr MESZ

1. Juni 23 Uhr MESZ

15. Juni 22 Uhr MESZ

Der Nachthimmel im Juli/August

1. Juli 1 Uhr MESZ

15. Juli 0 Uhr MESZ

1. August 23 Uhr MESZ

15. August 22 Uhr MESZ

Der Nachthimmel im September/ Oktober

1. September 1 Uhr MESZ

15. September 0 Uhr MESZ

1. Oktober 23 Uhr MESZ

15. Oktober 22 Uhr MESZ

Der Nachthimmel im November/ Dezember

1. November 0 Uhr MEZ

15. November 23 Uhr MEZ

1. Dezember 22 Uhr MEZ

15. Dezember 21 Uhr MEZ

Sternwartenverzeichnis (Auswahl)

Aachen: www.sternwarte-aachen.de

Aalen: www.sternwarte-aalen.de

Amberg: www.volkssternwarte-amberg.de

Augsburg: www.sternwarte-diedorf.de

Basel: avb.astropedia.ch

Berlin: www.astw.de, www.wfs-be-schule.de

Bern: www.sternwarten-bern.ch

Bielefeld:
www.volkssternwarte-ubbedissen.de

Bonn: www.volkssternwarte-bonn.de

Bozen: www.maxvalier.org

Braunschweig:
www.sternwarte-braunschweig.de

Dortmund:
www.volkssternwarte-dortmund.de

Drehbach: www.sternwarte-drebach.de

Duisburg: astronomie-in-duisburg.
kulturserver-nrw.de

Essen: www.sternwarte-essen.de

Frankfurt/Main: www.physikalischer-
verein.de

Freiburg: www.sternfreunde-breisgau.de

Fulda: www.hans-nuechter-sternwarte.de

Görlitz: www.goerlitzer-sternfreunde.de

Göttingen: www.avgoe.de

Graz: www.keplersternwarte.at

Hagen: www.sternwarte-hagen.de

Hamburg: www.gva-hamburg.de

Hannover: www.sternwarte-hannover.de

Hartha: www.sternwarte-hartha.de

Heilbronn: www.sternwarte.org

Herne: www.sternwarte-herne.de

Hof: www.sternwarte-hof.de

Ingolstadt: www.astronomiepark.de

Jena: www.urania-sternwarte.de

Karlsruhe: www.avka.de

Kassel: www.astronomie-kassel.de

Kiel: www.gva-kiel.de

Klagenfurt: www.sternwarte-klagenfurt.de

Köln: www.volkssternwarte-koeln.de

Kreuzlingen: www.avk.ch

Laupheim: www.volkssternwarte-
laupheim.de

Linz: www.sternwarte.at

Lübeck: www.astronomie-luebeck.de

Luxemburg: www.aal.lu

Luzern: www.agl.astronomie.ch

Mainz: www.astro-mainz.de

Marburg: www.volkssternwarte-marburg.de

Moers: www.sternwarte-moers.de

München: www.sternwarte-muenchen.de

Münster: www.sternfreunde-muenster.de

Neumarkt: www.sternwarte-neumarkt.de

Norderney: www.sternwarte-norderney.de

Nürnberg: www.sternwarte-nuernberg.de

Paderborn: www.sternwarte-paderborn.de

Passau: www.sternwarte-passau.de

Radebeul: www.sternwarte-radebeul.de

Regensburg: www.sternwarte-regensburg.de

Remscheid: www.sternwarte-remscheid.de

Reutlingen: www.sternwarte-reutlingen.de

Rostock: www.sternwarte-rostock.de

Saarbrücken: www.sternwarte-peterberg.de

Seewalchen: www.astronomie.at

Singen: www.sternwarte-singen.de

Solingen: www.sternwarte-solingen.de

Sonneberg: www.sternwarte-sonneberg.de

St. Pölten: www.noe-sternwarte.at

Stuttgart: www.sternwarte.de

Trebur: www.t1t-trebur.de

Tübingen: www.sternwarte-tuebingen.de

Weil der Stadt: www.kepler-sternwarte.de

Wien: www.urania-sternwarte.at,
wwwkuffner-sternwarte.at

Würzburg: www.sternwarte-wuerzburg.de

Stichwortverzeichnis

Drehbare Himmelskarte

Stephan Schurig, Michael Feiler

Mit einer Drehbaren Himmels-karte kann man den Anblick des Sternhimmels zu jeder beliebi-gen Jahres- und Uhrzeit simu-lieren.

Hobby-Astronom

Lambert Spix

Dieses Buch gibt das nötige Grundwissen rund um das spannende Hobby Astronomie.

Fernrohrwahl

Ronald Stoyan

Wenn Sie selbst ein Fernrohr kaufen möchten, kommen Sie um dieses Buch nicht herum!

Fernrohr-Führerschein

Ronald Stoyan

Eine verständliche Anleitung zum Gebrauch von Einsteiger-Fernrohren.

skyscout

Lambert Spix

Sterne und Sternbilder schnell und einfach finden.

moonscout

Lambert Spix

Mondmeere, Krater und Gebir-ge einfach finden und beobach-ten.

Viele Fotos in diesem Buch sind von Hobby-Astronomen in ihrer Freizeit aufgenommen worden.

Stefan Binnewies, Josef Pöpsel
www.capella-observatory.com
5, 12, 22 (o), 26 (beide), 27, 31, 44, 51, 58 (o), 64, 70 (u), 78, 81

Stefan Seip,
www.astro-meeting.de
14, 15, 23, 25, 53, 58 (u), 59, 75, 76, 84

Sebastian Voltmer,
www.weltraum.com
16, 17, 18, 21, 22 (u), 30, 35, 49, 55, 57, 62 (u), 67, 77

Chiro Observatory: 45
Digitized Sky Survey: 63
ESA: 29
ESO: 52
Roland Höfer: 85 (u)
Landesamt für Archäologie Sachsen-Anhalt: 56, Jürgen Michelberger: 8
NASA: Titel, 6, 10 (beide), 11, 32, 33, 34 (u), 36, 37, 41, 42, 43, 47, 54 (beide), 61, 65, 66, 68, 70, 71, 72, 73, 74, 79, 80, 82 (beide), 83
Robert Nemiroff/Jerry Bonnell: 4
Ranga Yogeshwar: 3

1. Auflage

© 2009 Oculum-Verlag GmbH, Erlangen
Lektorat: Dr. Susanne Friedrich
Grafiken: Lambert Spix

Oculum-Verlag, Westl. Stadtmauerstr. 30a, 91054 Erlangen
www.oculum.de

ISBN 978-3-938469-30-9